陕西省重点学科建设专项资金资助项目

闭孔泡沫铝
吸声降噪性能及其应用

梁李斯　著

北　京
冶　金　工　业　出　版　社
2018

内 容 提 要

本书共分 6 章，包括：绪论，闭孔泡沫铝材料的吸声性能及吸声机理，组合材料的吸声性能及吸声机理，高速公路泡沫铝声屏障吸声结构研究，泡沫铝汽车排气消声器吸声结构研究，结论。

本书可供从事环境保护噪声控制、多孔材料制备及性能研究的工程技术人员和研究人员阅读，也可供大专院校有关师生参考。

图书在版编目（CIP）数据

闭孔泡沫铝吸声降噪性能及其应用／梁李斯著．—北京：冶金工业出版社，2018. 12

ISBN 978-7-5024-6420-2

Ⅰ．①闭…　Ⅱ．①梁…　Ⅲ．①铝—多孔性材料—金属复合材料—减振降噪　Ⅳ．①TB331

中国版本图书馆 CIP 数据核字（2018）第 261424 号

出 版 人　谭学余
地　　址　北京市东城区嵩祝院北巷 39 号　邮编　100009　电话　（010）64027926
网　　址　www. cnmip. com. cn　电子信箱　yjcbs@ cnmip. com. cn
责任编辑　杨盈园　美术编辑　郑小利　版式设计　禹　蕊
责任校对　郭惠兰　责任印制　李玉山
ISBN 978-7-5024-6420-2
冶金工业出版社出版发行；各地新华书店经销；三河市双峰印刷装订有限公司印刷
2018 年 12 月第 1 版，2018 年 12 月第 1 次印刷
169mm×239mm；10. 5 印张；206 千字；160 页
44. 00 元

冶金工业出版社　投稿电话　（010）64027932　投稿信箱　tougao@cnmip. com. cn
冶金工业出版社营销中心　电话　（010）64044283　传真　（010）64027893
冶金工业出版社天猫旗舰店　yjgycbs. tmall. com

前　言

闭孔泡沫铝是一种金属基体（母体）内随机分布着孔洞（第二相）的新型材料，具有连续相铝的金属特点和分散相气孔的特性，不仅保留了金属的导电及延展等特性，而且质轻，具有吸声、隔声、吸能减振、电磁屏蔽、低热导率等多孔材料的特性，表现出集结构与功能特性于一身的特征，已经成为当今世界材料科学领域的重要研究、开发课题之一。

噪声作为当代三大环境污染之一，给人们的正常生活和工作，以及工农业生产都带来极大的危害，已经成为亟待解决的环境问题。使用吸声材料降低噪声是目前切实可行也行之有效的降噪方法，闭孔泡沫铝作为一种金属基多孔材料，具有耐高温、耐腐蚀、防潮、阻燃、洁净、美观、使用寿命长等特点，且由于生产、使用和报废回收过程无二次污染，被誉为"绿色环保材料"。作为具有多种优良性能的特殊金属材料，从最初发明到今天工艺不断成熟、完善，现在已经可以生产出大尺寸的样件，并开始工业化生产，具有了可以广泛应用的先决条件。将闭孔泡沫铝应用于吸声降噪领域具有良好的发展前景。

本书主要通过对吸声系数的测定来分析各因素对闭孔泡沫铝降噪性能的影响。在吸声系数影响因素的实验中，首先分析了不同厚度、孔隙率、孔径的泡沫铝试样的吸声系数测试结果，总结这几种因素对吸声效果的影响规律。进一步对闭孔泡沫铝试样进行打孔处理，打孔后使用驻波管法测试不同打孔率、打孔后不同背后空腔深度、不同孔排列方式、不同打孔孔径的闭孔泡沫铝试样的吸声系数曲线。将打孔后的不同闭孔泡沫铝试样进行组合：与不同厚度玻璃棉进行组合，与打孔铝板组合，在试样表面覆盖纤维吸声布，对几种组合结构分别测量其吸声系数曲线。对测试的结果，从吸声系数峰值、半峰宽、降噪系数、吸收峰中心频率四个角度讨论吸声系数的变化规律及吸声能力的特点。

结合闭孔泡沫铝不同材料或结构因素下的吸声规律及吸声机理，将闭孔泡沫铝应用于声屏障、汽车排气消声器，使用噪声综合测量仪的1/3倍频程频谱分析模块测量高速公路噪声，测量客车的汽车排气噪声。根据闭孔泡沫铝吸声系数的测试结果，结合高速公路噪声1/3倍频程频谱分析特点，设计合适结构的闭孔泡沫铝声屏障；根据闭孔泡沫铝吸声系数的测试结果，结合汽车排气消声器的频率分布特点，设计合适结构的闭孔泡沫铝消声器。在安装声屏障及消声器后，进行实地测量，根据测量结果，评价该闭孔泡沫铝吸声结构的降噪效果。

本书可供从事环境保护噪声控制研究，从事多孔材料制备及性能研究的科技工作者、高校学生、企业技术人员参考阅读。

在此感谢本书参考文献资料的作者们以及支持本书出版的陕西省重点学科建设专项资金资助项目（项目编号：E04001、E04003）。

由于作者水平有限，书中若有不足之处，敬请读者批评指正。

作　者

2018年9月

目　录

1 绪 论

1.1 引言

在传统的工程材料中，孔洞（宏观的或微观的）被认为是一种结构缺陷，因为它们往往是裂纹形成和扩展的核心，对材料的物理性能及力学性能产生不利的影响。但是，当材料中孔洞的数量（即气孔率）增加到一定程度后，材料就会因孔洞的存在而产生一些奇异的功能，从而形成了一个新的材料门类，这就是所谓的多孔（porous）材料，亦可称为泡沫材料[1-2]。

由于多孔材料具有低密度、独特的表面效应、体积效应、优良的力学、电、热和声学性能，为轻结构、能量吸收和热能管理提供了巨大的潜能。上述性能的组合使其应用范围远远超过单一功能材料。在航空航天、化工、建材、冶金等领域具有广泛的应用前景[3-5]。由于问题的复杂性，材料的多样性，它又是一个多学科交叉的前沿研究领域，备受理论界和工程界的关注和重视[6-9]。

根据孔型结构的不同，金属泡沫铝材料有开孔和闭孔两种形态，如图 1.1 所示。其中开孔泡沫铝孔与孔之间由孔棱连接，互相连通，通气性好，因此具有很

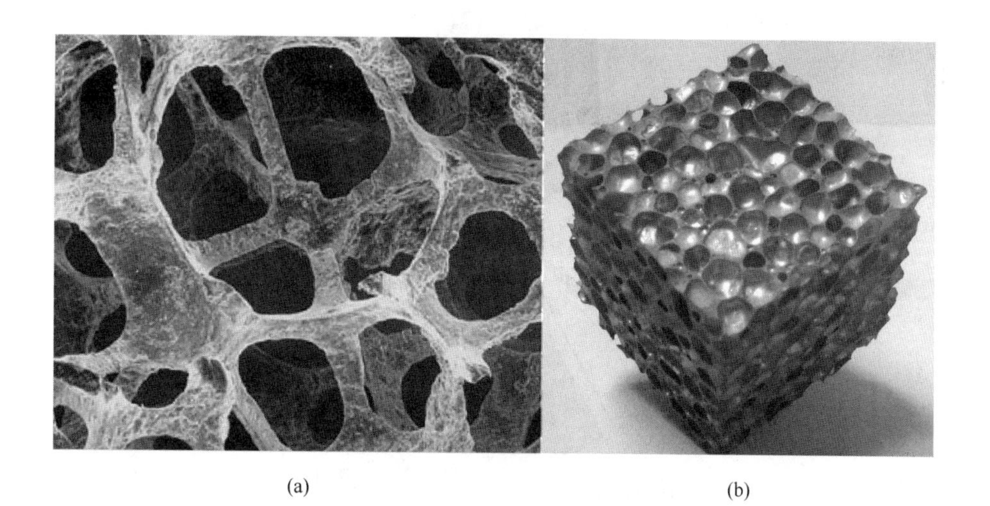

(a)　　(b)

图 1.1　开孔和闭孔泡沫铝的宏观形态

好的换热散热能力、吸声能力，以及过滤和分离能力；闭孔泡沫铝孔与孔之间除了孔棱连接，还有孔壁，且孔型为近似球形的圆孔、孔隙率高、比表面积大，这些结构特征决定了闭孔泡沫铝具有优异的力学性能、能量吸收性能、吸声性能、隔声性能和电磁屏蔽性能等[10-12]。

泡沫铝最明显的特点就是质量轻、密度低、随气孔率的变化而变化，密度仅为同体积铝的0.1~0.6倍，但其牢固度却比泡沫塑料高4倍以上。泡沫铝还具有较高的比强度，优良的吸声、隔声、电磁屏蔽性能，良好的吸能、减振性能，刚性大、不燃、不易氧化、不易产生老化、耐候性好、回收再生性强等特点[13-15]。因此，被广泛应用于各个领域，如航天航空工业中的轻质、传热的支撑构件，宇宙飞船起落架、机翼金属外壳支撑体[16]；在船舰上使用，用于发动机房、驾驶室、乘员舱室、设备舱室的减振、降噪，尤其用于潜艇降噪，防止其噪声向外辐射，达到反侦察的目的[17]；作为建筑材料，用于体育场馆、车站、飞机库、展览大厅等大跨度、钢架结构建筑的屋面材料，用于电梯舱，可减少电能消耗[18-21]；用于汽车工业，作为轻质结构、吸能结构、消声结构使用[22-25]；除此之外，泡沫铝在电化学方面，也可以作为铅酸蓄电池中活性物质的载体，以代替传统电极。泡沫铝作为具有多方面良好性能的多功能材料，在工业生产多个部门都有着很好的发展前景。

泡沫铝在工业各个部门中的应用分布预测如图1.2所示。

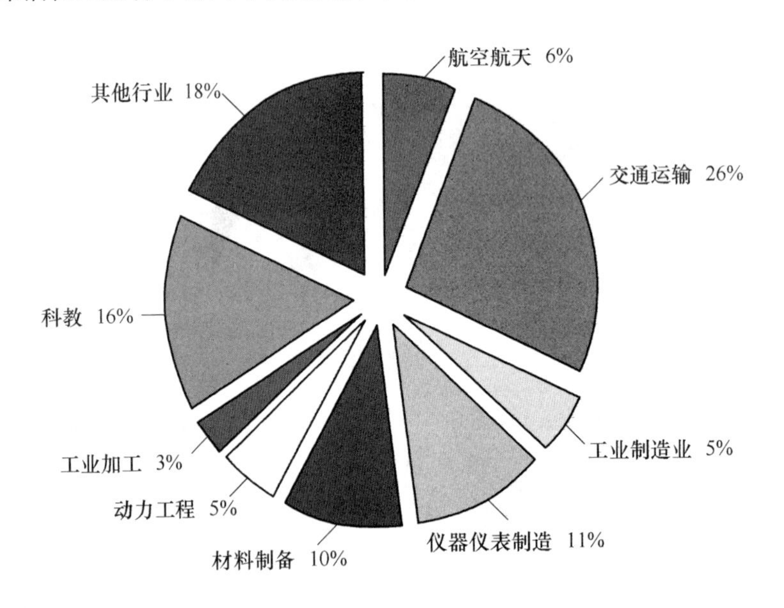

图1.2　泡沫铝在工业各个部门中的应用分布预测

1.2　泡沫铝材料的制备方法

泡沫铝经历了50余年的研究发展，目前已经形成了多种制备方法，如图1.3所示。泡沫铝根据孔的开闭划分，可分为开孔泡沫铝和闭孔泡沫铝两大类。开孔泡沫铝的制作方法主要有铸造法[26-31]、烧结法[32-35]、沉积法[36-39]、固气共晶凝固法和添加球料法等。闭孔泡沫铝材料的制备方法主要为发泡法，根据发泡工艺的不同又可分为粉末冶金法[40-42]、熔体发泡法[43-49]、粉浆发泡法。此外，还有同轴喷嘴空心球形铝泡沫制造法、溶解度差法、无重力混合法等。

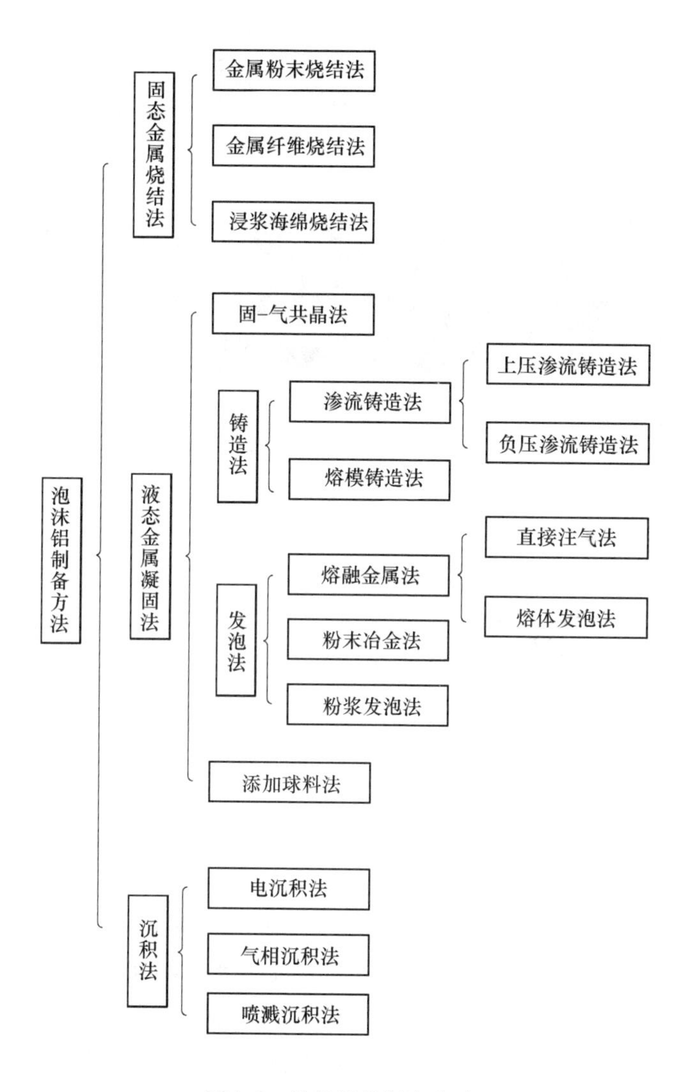

图1.3　泡沫铝的制备方法

1.2.1　开孔泡沫铝制备工艺

1.2.1.1　渗流铸造法

渗流铸造法的工艺方法如图1.4所示，将预先处理好的填料粒子直接放入铸型中或制成多孔预制块后再放入铸型中，再连同铸型一起预热到一定温度，然后浇入熔融金属，并适当加压使金属液渗入到填料缝隙或预制块中，冷却凝固后形成一个三维网状互联的金属－填料粒子复合体，将铸件加工成要求的形状，然后将填料粒子去除，从而得到最终所要求的泡沫金属[50]。

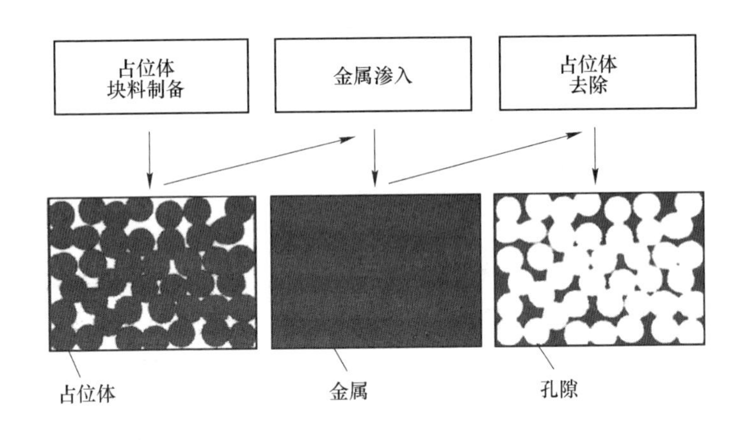

图1.4　渗流法制备泡沫铝

渗流铸造法分为上压渗流铸造法和负压渗流铸造法两类。根据加压方法的不同，渗流铸造法可以具体分成以下四种方法[51]：固体压头加压法、气体加压法、差压铸造法和真空吸铸法。该种工艺方法相对复杂，且难以制备大规格的泡沫铝制品。

1.2.1.2　熔模铸造法

熔模铸造法属于一种精密铸造法。如图1.5所示该法首先将泡沫塑料充入一定几何形状的容器中，在其周围倒入液态的耐火材料；当耐火材料硬化后，升温加热使泡沫塑料气化，形成具有原泡沫塑料形状的三维网状预制模型；将液态金属浇入模型内，冷却凝固后除去耐火材料，即可获得开孔泡沫金属[52]。此方法制得的泡沫铝试样对母体材料具有继承性，孔隙三维贯通、结构均匀，并不受材质、形状和大小的限制，能提供制造各种用途的通孔泡沫金属；缺点是金属骨架强度低，工艺较为复杂。

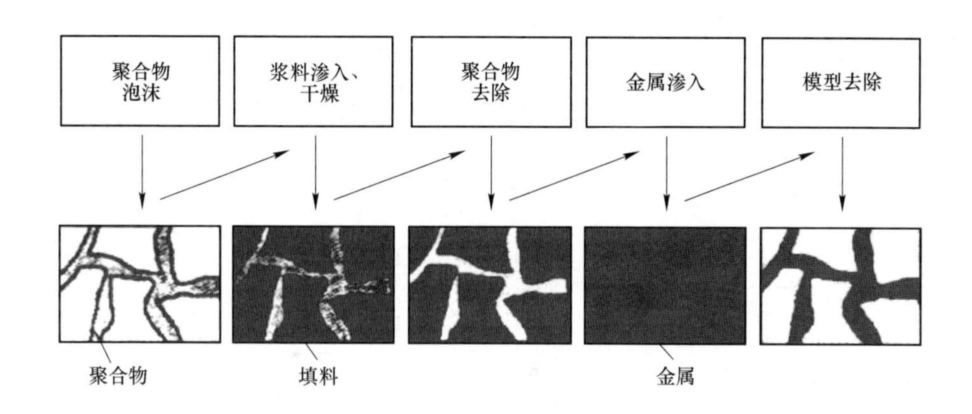

图 1.5 熔模铸造法制备泡沫铝

1.2.1.3 电沉积法

电沉积法包括化学预镀、电镀和高温分解[53]。如图 1.6 所示，首先在聚氨发泡树脂表面上采用化学镀预镀一层金属，使它具有一定的导电性；然后采用电镀的方法将所需的金属镀到经过化学预镀的聚氨发泡树脂表面上，并达到所需厚度；最后，通过热分解将聚氨发泡树脂去掉，得到孔洞均匀分布、孔隙率高的泡沫金属。

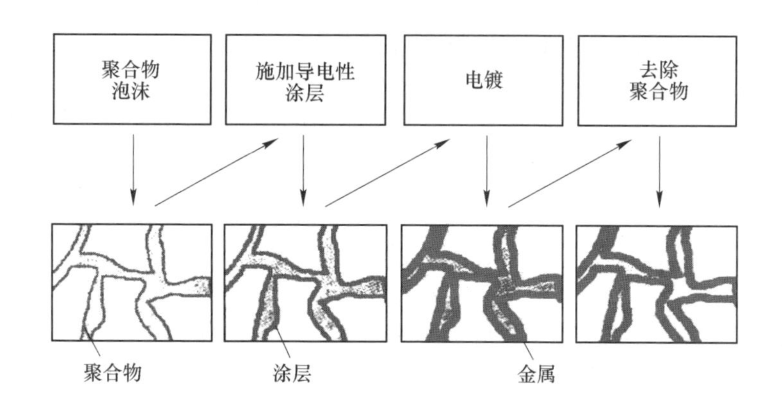

图 1.6 电镀法制备泡沫铝

1.2.1.4 气相蒸发沉积法

在较高惰性气氛中，缓慢蒸发金属材料，蒸发出来的金属原子在前进过程中与惰性气体发生一系列碰撞、散射作用，迅速失去动能，从而部分凝聚起来，形成金属烟。金属烟在自身质量作用及惰性气流的携带下沉积，且在下行过程中继续冷却降温，最后达到基底。因其温度低，原子难以迁移和扩散，故金属烟微粒只是疏松地堆砌起来形成多孔泡沫结构[54]。其生产装置如图 1.7 所示。

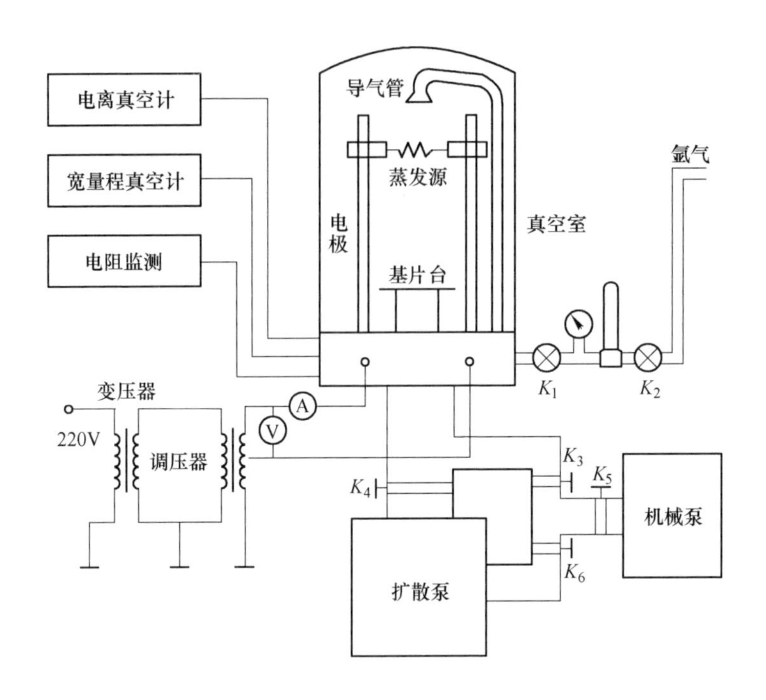

图 1.7　气相蒸发沉积法制备泡沫铝

用这种技术生产的泡沫金属与具有宏观结构的泡沫金属不同，它是由大量亚微米尺度的金属微粒和微孔隙构成，其密度约为母体金属密度的 3% ~ 10%。

另外，采用自蔓延高温合成和腐蚀造孔等方法也可以制备开孔泡沫铝材料。对于泡沫铝而言，比较成熟一点的方法有制备闭孔泡沫铝的熔体发泡法、粉末冶金法和注气发泡法，以及制备开孔泡沫铝的渗流铸造法和熔模铸造法。闭孔和开孔泡沫铝各具优势，如闭孔泡沫铝的密度小、强度高、隔声隔热、减震效果好；而开孔泡沫铝具有较强的吸声和过滤性能。

1.2.2　闭孔泡沫铝制备方法

1.2.2.1　粉末冶金法

粉末冶金法制备泡沫铝金属的工艺流程图如图 1.8 所示。

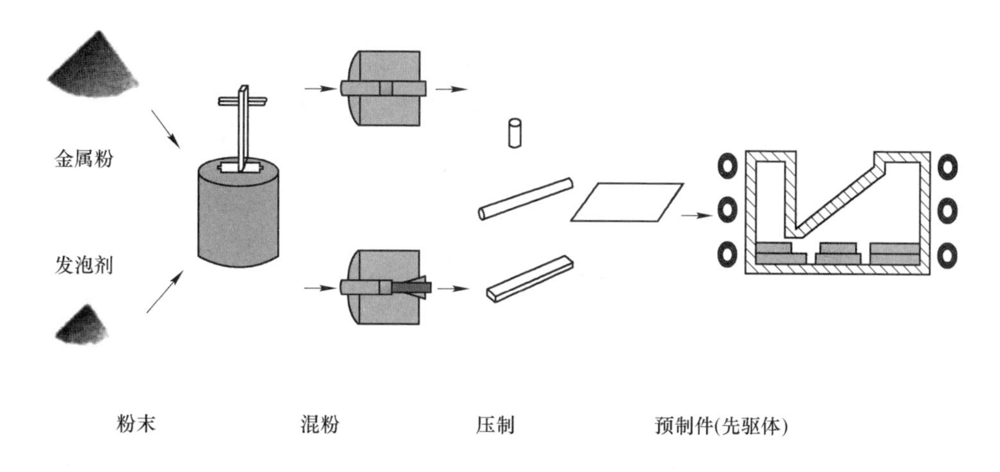

图 1.8　粉末冶金法制备泡沫铝金属流程图

由图 1.8 可知，粉末冶金法是利用粉末冶金的方法（powder metallurgy method）制备闭孔泡沫铝材的一种方法。该方法是将铝粉或铝合金粉与一种发泡剂粉末混合（通常是 TiH_2），混合物被压制成密实的坯体，然后对其加热升温。当温度升至铝粉或铝合金粉的熔点以上，氢化钛分解产生的氢气在熔融状态下的铝或铝合金内部形成无数的气孔，冷却后即可得到泡沫铝产品。此方法可在一定范围内控制气泡的大小及分布，产品质量高、性能稳定，便于商业化生产。此法还可制备形状复杂的半成品尺寸的工件，若在其表面粘接或轧制金属板还可以得到三明治式的复合材料。但其制造工艺较为复杂，生产成本较高[55-58]。

1.2.2.2　粉浆成型法

粉浆成型法是将金属铝粉、发泡剂（氢氟酸、氢氧化铝或正磷酸）、反应添加剂和有机载体组成悬浮液，将其搅拌成含有泡沫的状态，然后置入模具中加热焙烧，使浆变黏，并随着产生的气体开始膨胀，最终得到一定强度的泡沫铝。如果把粉浆直接灌入高分子泡沫中，通过升温把高分子材料热解，烧结后同样可制得开孔泡沫材料。该方法存在的主要问题是所制得的泡沫铝强度不高，并有裂纹。

1.2.2.3　熔融金属法

A　注气发泡法

注气发泡法制备泡沫铝金属的工艺流程图如图 1.9 所示。

注气发泡法也称气体发泡法，或简称气泡法。由图 1.9 可知，该法是将气体喷射并混合到含有熔融铝合金及陶瓷颗粒（典型的陶瓷颗粒为 SiC 或 Al_2O_3）的

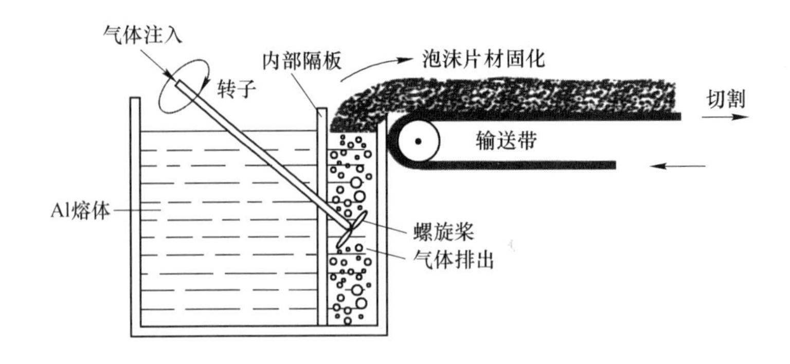

图 1.9　气体注入法制备泡沫铝金属

搅拌槽中，混合物中陶瓷颗粒的体积分数在 0.05 ~ 0.15 之间，陶瓷颗粒的大小为 1 ~ 20μm；喷入的气体引起气泡上升至熔体表面，形成液体泡沫，由于陶瓷颗粒存在于泡壁的气液界面上使得液体泡沫得以稳定；气泡的平均尺寸为 3 ~ 30mm，并能被气体喷射速率、搅拌桨的形状设计和搅拌速度所控制；稳定的液态泡沫被机械性地从熔体表面移走，并在合金的凝固温度下冷却，这种方法允许半连续生产泡沫铝板。该方法的潜力还在于能生产镍、铁、锌、镁、铜、铅或它们的合金泡沫，是目前生产泡沫金属最廉价的方法[59]，同时泡沫的尺寸可控制在很大的范围内，生产出的泡沫铝制品的孔隙度可达 97%。但泡沫孔洞的大小和分布难以控制，所生产的泡沫一般含有大孔及存在密度梯度，进而给材料的力学性能带来不利的影响。

B　熔体发泡法

熔体发泡法制备闭孔泡沫铝材料的工艺流程图如图 1.10 所示。

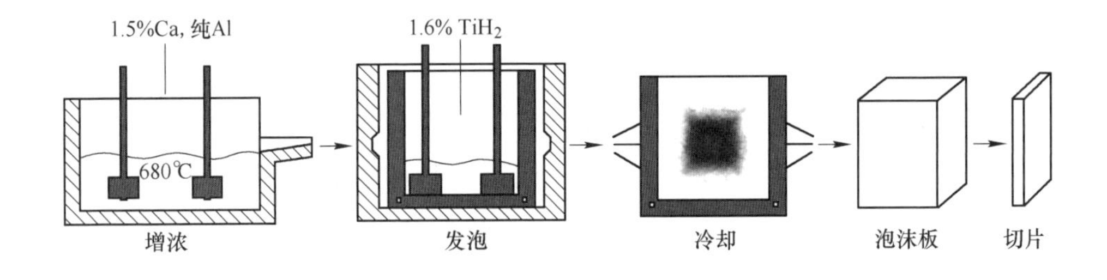

图 1.10　熔体发泡法制备泡沫铝流程

熔体发泡法又称熔体直接发泡法。如图 1.10 所示，该方法是将发泡剂加入具有一定黏度的熔融金属铝液之中并搅拌均匀；发泡剂受热分解产生气体并在铝液中形成气泡，阻止气泡逸出并冷却含有气泡的铝液，即可获得泡沫铝。熔体发泡法需要添加钙、氧化铝粉等作为增黏剂，发泡剂一般采用的是金属氢化物，如TiH_2、ZrH_2、H_fH_2等，生产出来的泡沫铝孔洞之间相互独立、强度较高。该方法的特点是工艺简单、成本较低、制品孔隙率高，适合于制备较大规格的产品；但其存在气泡分布不均且局部气泡尺寸过大、操作较难控制、工艺尚不稳定、制品重现性差等问题，需要加以研究和解决[60]。

1.2.3　闭孔泡沫铝工业化试验

熔体金属发泡法由于其生产工艺简单，易实现工业化，且产品尺寸可调性较高，能够生产大块整体型产品，因此越来越受到人们的关注。目前国内外对其生产工艺进行了很多的研究，国外已有几家利用此方法生产商业泡沫铝的企业[61,62]，但国内在产业化方面一直没有取得突破。

东北大学从1996年开始进行泡沫铝的研究，1998年实现了熔体发泡法制备闭孔泡沫铝的放大性试验，2005年开始对熔体发泡法进行工艺改造，并进行了闭孔泡沫铝工程化试验，形成了熔体转移发泡法制备闭孔泡沫铝的生产工艺。经过两年的试验研究，目前已经能够生产出1000mm×2000mm×600mm规格的闭孔泡沫铝块材（见图1.11），可以切割成1800mm×800mm任意厚度的板材（见图1.12），形成了一套较为完整的工艺路线，建成了一套年产5000t闭孔泡沫铝材料的工业生产线。2006年3月由辽宁省科技厅组织，中国工程院院士胡壮麒、陈国良、张国成，中国科学院院士邹广田4名院士和其他5位业内专家组成的鉴定委员会鉴定认为东北大学和沈阳东大先进材料发展有限公司“研制的制备闭孔泡沫铝材料的方法及所生产的大规格闭孔泡沫铝板材（1800mm×800mm×Xmm）填补了国内空白，达到了国际先进水平”。

图1.11　闭孔泡沫铝块材照片

图 1.12 闭孔泡沫铝板材照片

熔体转移发泡法工业化制备闭孔泡沫铝流程如图 1.13 所示。

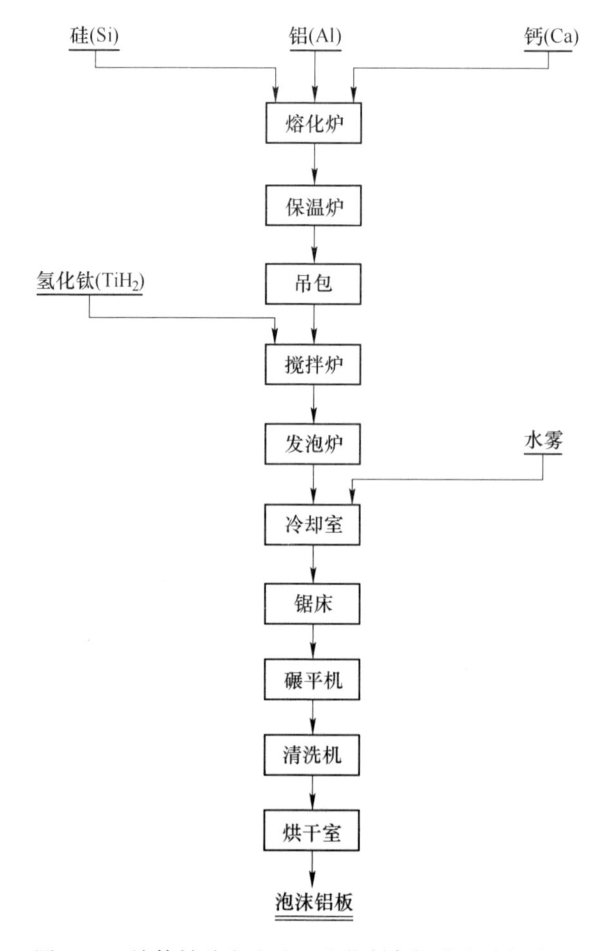

图 1.13 熔体转移发泡法工业化制备闭孔泡沫铝流程

1.3　泡沫铝材料的表征

多孔材料的性能不仅取决于基体材料本身，还与孔洞的结构密切相关。对于泡沫铝材料而言，有以下几个重要的结构参数。

1.3.1　气孔率

气孔率是表征多孔金属的重要参数之一，无论对多孔金属的力学性能还是热学、电学、声学性能都有很大的影响。气孔率与相对密度直接相关，Ashby[63]和Gibson[64]得出的杨氏模量 E、剪切模量 G、有效的导热系数 λ 及电阻率 R 都与相对密度有直接的关系，见式（1.1）、式（1.2）、式（1.3）和式（1.4）。其中，E_x、G_x、λ_s 与 R_s 分别是基体金属的各种相关参数，其他为常系数。气孔率影响多孔金属的这些参数，因而直接影响其性能。

$$E \approx \alpha_1 E_x \left(\frac{\rho}{\rho_s}\right)^n \tag{1.1}$$

$$G \approx \frac{3}{8}\alpha_1 G_x \left(\frac{\rho}{\rho_s}\right)^n \tag{1.2}$$

$$\lambda \approx \lambda_s \left(\frac{\rho}{\rho_s}\right)^q \tag{1.3}$$

$$R \approx R_s \left(\frac{\rho}{\rho_s}\right)^{-r} \tag{1.4}$$

所谓气孔率[65~70]是指多孔体中所有孔隙的体积与总体积之比。根据此定义，在测定材料的气孔率时必须知道所有孔隙的体积。由于制备出的泡沫铝材料的孔是闭合的，所以要测量的就是闭孔的气孔率。

其测量方法常采用称重法，即先将试样切成规则形状，利用游标卡尺测量其体积，然后在天平上称量其质量，整个测试过程在常温和相对湿度下进行，最后得出气孔率（ψ）为[71]：

$$\psi = \left(1 - \frac{M}{V\rho_s}\right) \times 100\% \tag{1.5}$$

式中　ψ——泡沫铝的气孔率，%；

M——试样的质量，g；

V——试样的体积，cm^3；

ρ_s——致密铝的密度，g/cm^3。

与气孔率相当的概念是“相对密度”，它是泡沫铝表观密度与致密铝密度的比值，两者之间具有如下的关系：

$$\psi = (1 - \rho_r) \times 100\% = \left(1 - \frac{\rho}{\rho_s}\right) \times 100\% \qquad (1.6)$$

式中　ψ——泡沫铝的气孔率，%；

ρ_r——泡沫铝的相对密度；

ρ——泡沫铝的表观密度，g/cm^3；

ρ_s——实体铝的密度，g/cm^3。

1.3.2　孔径

孔径与孔径分布是泡沫铝的重要性质之一，是泡沫铝表面孔形貌的表征，表征方法有最大孔径、平均孔径，相应的测试方法主要有直接观察法和利用特殊软件进行表面形貌扫描统计分析法，其中直接观察法只适于测量个别或少数孔隙的孔径，而利用软件处理泡沫铝表面形貌统计的方法则可较全面详细地表征泡沫铝的表观孔径大小，并可以对泡沫铝孔径的分布进行统计分析。图 1.14 所示是借助于 CT 技术（层析 X 射线摄影术）得到泡沫铝的内部结构形貌，可以了解泡沫铝内部的孔径及分布[72]。

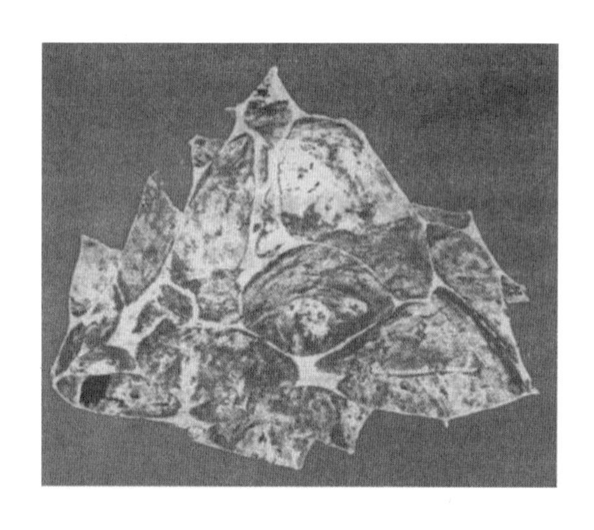

图 1.14　CT 技术获得的泡沫铝高分辨三维图像

1.3.3　孔形状

多孔材料是由许许多多的孔洞和基体框架构成，其孔形状对其性能也会有一定的影响。平面状态下，多孔材料的孔径形状主要以三边形、四边形、六边形为主。对于三维空间，常见的形状有三棱锥、三棱柱、长方体、六方结构、正八面体、菱形十二面体、五边形十二面体、十四面体和二十面体等，如图 1.15 所示。对于闭孔泡沫铝孔形状主要以五边形十二面体和十四面体为主。

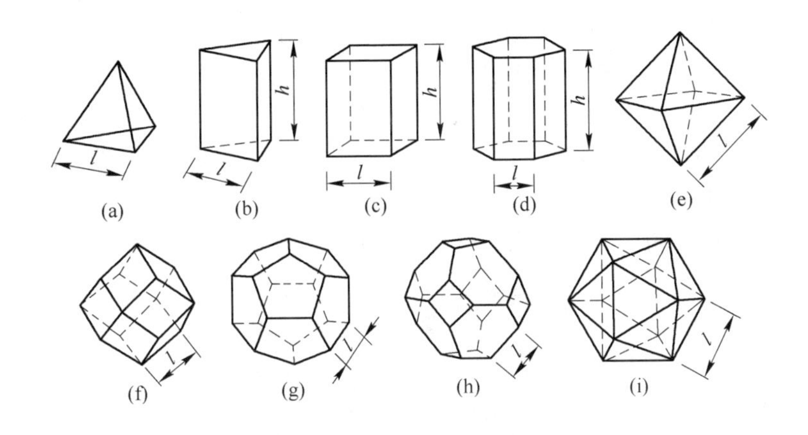

图 1.15 多孔材料三维孔形状

（a）三棱锥；（b）三棱柱；（c）长方体；（d）六方结构；（e）正八面体；（f）菱形十二面体；（g）五边形十二面体；（h）十四面体；（i）二十面体

1.3.4 孔的分布

对于多孔材料中孔的分布主要遵循式（1.7）~式（1.9）。

Euler 定律[73]给出了一簇泡沫中顶点个数 v、边的个数 n、面的个数 f 和孔洞数 c 的关系：

$$f-n+v=1(\text{二维}) \tag{1.7}$$

$$f-c-n+v=1(\text{三维}) \tag{1.8}$$

对于独立的三维空间孔洞排列，则每个面的平均变数$\bar{n}$为：

$$\bar{n}=6\left(1-\frac{2}{f}\right) \tag{1.9}$$

式中 f——孔洞中面的数目。

由此可知，如孔洞为十二面体，$f=12$，而 $n=5$；如孔洞为十四面体，$n=5.14$；当逐渐接近圆形，即 f 无穷大时，$n=6$。因此无论孔洞的形状如何，泡沫铝大部分孔洞都是由众多五边形和六边形构成。

Euler 定律给出了较为普遍的孔洞的分布情况：在二维条件下，每个孔洞的平均边数为6；在三维空间，每个面的平均边数依赖于每个孔洞所具有的面数，一般为五边形和六边形。

1.3.5 结构和缺陷

由图1.16可以看出，以熔体发泡法制备的闭孔泡沫铝，试样没有产生宏观大裂纹和泡孔合并形成的大孔洞。图1.16(a) 所示为实验室制备的块体泡沫铝试样的宏观照片，其泡孔尺寸大致相当，泡孔分布均匀如图1.16(b) 所示。图1.16(c) 所示为工业化生产的典型Al-Si闭孔泡沫铝试样。比较图1.16(b) 和图1.16(c)，纯铝泡沫孔壁较薄，Plateau边界明显，大部分孔呈不规则多边形；而Al-Si泡沫孔壁较厚，大部分孔呈圆形且孔壁上多存在圆形小孔。

在单个孔水平的尺度上泡沫铝材料仍然存在大量缺陷，如图1.17所示列出

(a)

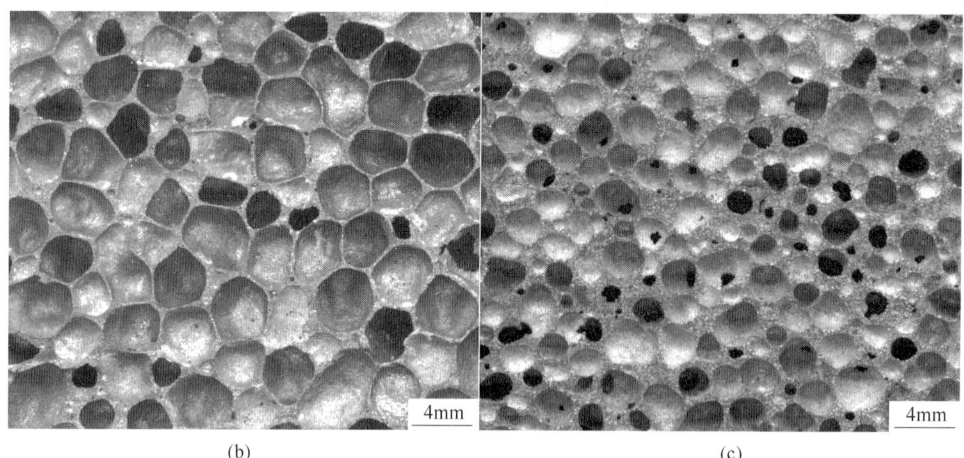

(b)　　(c)

图1.16　闭孔Al泡沫和Al-Si泡沫泡孔结构

(a) 块体Al泡沫试样；(b) Al泡沫结构；(c) Al-Si泡沫结构

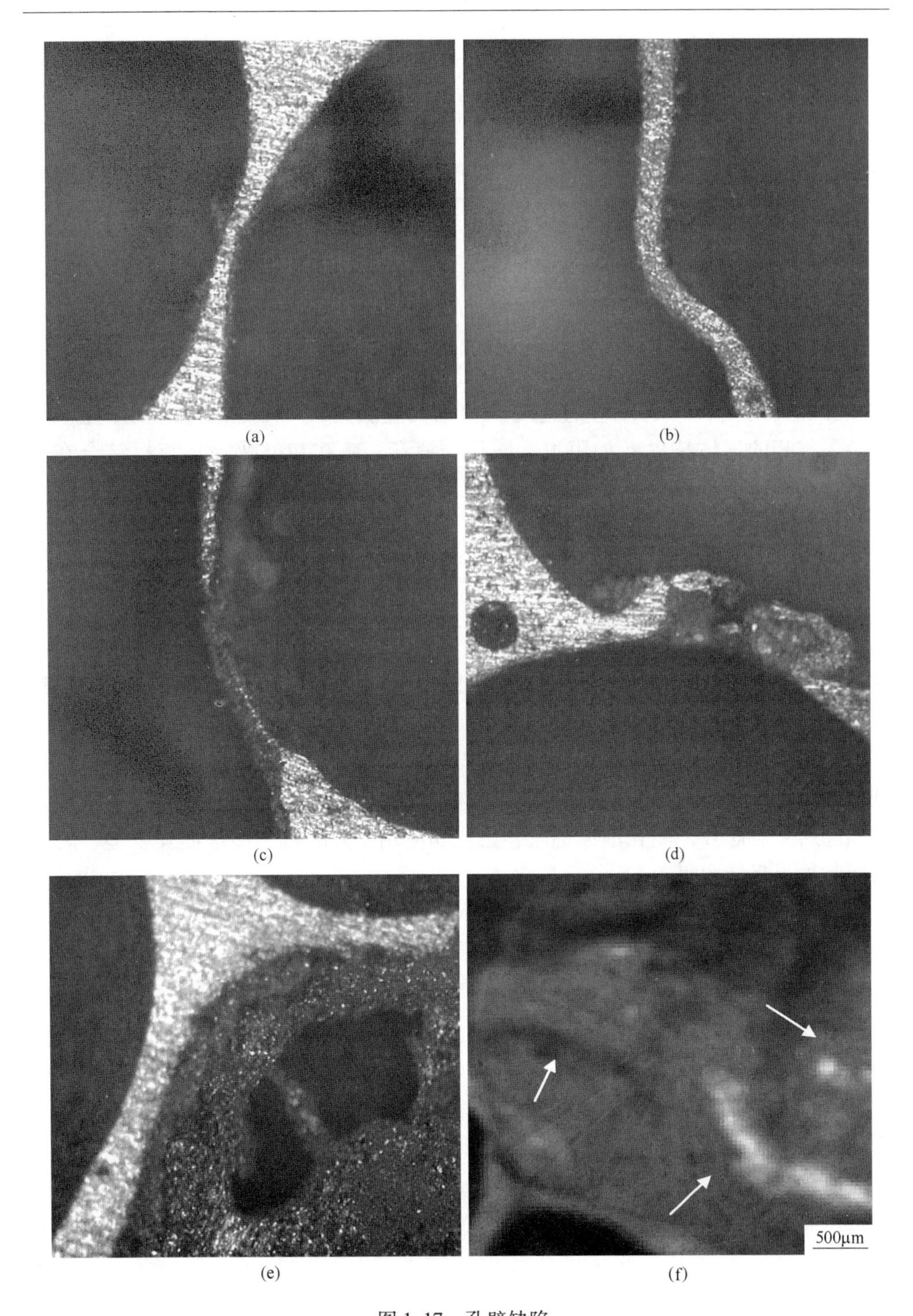

图 1.17 孔壁缺陷

（a）孔壁“弱连接”；（b）孔壁屈曲；（c）孔壁缺失；（d）裂纹；（e）微孔；（f）孔壁褶皱

了6种缺陷，分别是图1.17(a) 孔壁“弱连接”、图1.17(b) 孔壁屈曲、图1.17(c) 孔壁缺失、图1.17(d) 裂纹、图1.17(e) 微孔、图1.17(f) 孔壁褶皱。一般情况下Al泡沫和Al-Si泡沫都具有图1.17(a)、图1.17(b)、图1.17(c)、图1.17(d) 四种缺陷，孔壁上的微孔（缺陷（e））多发生于高密度Al-Si泡沫体，而孔壁褶皱（缺陷（f））多出现在Al泡沫孔壁上。这些缺陷的存在将在一定程度上影响泡沫铝的吸声性能。

1.4 闭孔泡沫铝材料的主要性能

众所周知，材料的性能决定着其应用范围。闭孔泡沫铝材料是一种气相和固相相互隔开的复合材料，它把连续固相铝的金属特性（如强度大、耐高温等）和分散气相的气体特性（如阻尼、隔热、消音、减震和屏蔽等）有机结合在一起，使得其成了多种性能（甚至是明显矛盾的性能）相结合的新型材料。主要表现在以下几个方面。

1.4.1 能量吸收性能

从闭孔泡沫铝材料准静态压缩曲线[14]中可以发现存在较长的一段应力平台，这使得泡沫铝可在较大的应变范围内保持应力基本不变，将外加能量转化为材料自身变形所做的功。说明泡沫铝具有优良的能量吸收特性。根据文献[74－78]资料记载，在冲击能量吸收方面泡沫铝也有着不俗的表现。因此，泡沫铝材料是制备缓冲器、吸能器等吸能材料的理想选择，其应用从汽车的防冲挡板直至宇宙飞船起落架。此外，闭孔泡沫铝材料已成功应用于升降机、传送器安全垫、高速磨床防护罩吸能内衬等。

1.4.2 声学性能

闭孔泡沫铝材料的声学特性主要包括隔声[79,80]和吸声特性[75,81－87]。由于闭孔泡沫铝中孔与孔之间相互封闭，这就使得其可以作为一种隔声效果较好的材料。通过对闭孔泡沫铝进行适量压缩产生裂纹或对其进行适当的打孔处理[73]可以形成一定的开孔率，当声波进入裂纹或者孔隙中时，通过与孔壁的摩擦形成热能而损耗掉，故能产生很好的吸声效果。闭孔泡沫铝材料优良的声学性能使得其在高速公路、城市轨道和高架桥的隔音以及汽车消声器等方面大有作为；同时还可以作为公共场合降噪的理想材料，如音乐厅、墙面、天花板[20]和幕墙等。

1.4.3 热学性能

闭孔泡沫铝材料具有良好的隔热性能[83]，其热导率远远小于大理石，且只为铝的1/300；同样泡沫铝也具有耐热性能，虽然铝基材料的熔点最高也只有660℃，但发泡后的闭孔泡沫铝材料需要800℃的高温才能软化，这主要是由于泡沫铝材料是金属基体同氧化物颗粒的混合体，且在泡壁表面还有一层致密的氧化膜[88]存在。优良的耐热性能[81]使得泡沫铝材料可以在高温环境下使用。

1.4.4 电磁屏蔽性能

一般的金属都具有电磁屏蔽性能[69]。闭孔泡沫铝材料的电磁屏蔽特性除了同基体有关外，还同其气孔率有很大关系。随着电子信息的广泛传播和城市磁悬浮高速列车的出现，当今社会对各种电子通信设备的电磁屏蔽和人体电磁辐射防护的要求也越来越高，而泡沫铝材料对电磁波有着良好的屏蔽作用[10]，是一种吸声型的电磁屏蔽材料。其屏蔽性能远高于导电性涂料与导磁性材料，特别是对中频电磁波具有更好的屏蔽效果。因此在电子设备的防干扰、计算机信息的防泄密等方面有着广阔的应用前景。

1.5 闭孔泡沫铝吸声性能研究现状

泡沫铝从发明到现在已有50余年的历史，制备方法越来越丰富，制备工艺越来越成熟，对其性能的研究也渐渐开展，而在声学领域的应用研究始于20世纪80年代末，研究泡沫铝的吸声性能将其用于降低环境噪声是研究的热点之一。

1993年金卓仁[89]初步研究了开孔泡沫铝的吸声性能，并与其他吸声材料进行比较。1995年赵庭良、徐连棠[90]等人研究了泡沫铝的孔隙结构参数及试样厚度对吸声的影响。1998年程桂萍、何德坪[91-93]等人研究了孔隙率、孔径、试样厚度对吸声的影响，以及泡沫铝在不同介质主要是水和空气中的吸声特性。同年，许庆彦[94]等人研究了铸造法制备的开孔泡沫铝孔结构对吸声的影响。Gary Seiffert、陆晓军及黄晓锋[95]于1999年对开孔型泡沫金属进行了研究，讨论了背后封闭的空气层对泡沫铝吸声性能的影响，进行试样的组合吸声，探讨了不同组合对吸声的影响。韩福生[88]在2003年对泡沫铝背后空气层影响吸声的机理进行了研究分析。2000年卢天健[96]等人对半开孔泡沫铝进行了吸声研究；王芳、王录才[29]等人研究了气孔率对开孔泡沫铝吸声的影响。王月等人[97]于2001年对泡沫铝水下吸声性能进行了研究，讨论了孔结构对泡沫铝水声吸声性能的影响。2002年钟祥璋[98]等人研究了泡沫铝表面装饰喷涂、背后贴铝箔、表面洒水、表面灰尘对吸声的影响。

M. Itoh等人于1987年对闭孔型泡沫铝进行了研究，得出闭孔型泡沫铝的吸声性能比较差的结论；随后，卢天健[85]于1999年对闭孔泡沫铝合金进行研究发现，通过机械压缩使泡沫铝合金内部的孔胞壁破裂，将闭孔结构转变为微通孔，可以改善吸收性能。2002年，王月[87]等人进一步研究了机械压缩率对闭孔型泡沫铝吸声性能的影响，发现在压缩率未达某一临界值时，增加压缩率可以提高闭孔型泡沫铝的吸声性能。

随着对泡沫铝的研究逐渐深入，其良好的吸声性能渐被发掘，开始设计将其用于吸声、降噪的结构或设备。目前国外已有提及将泡沫铝作为高速磨床吸能内衬以降低机床噪声的相关报道[99]，日本已将泡沫铝板用于高速公路两侧的声屏障，用来制作国际观光列车空调发电机室的隔声墙，并取得了良好效果。在建筑方面日本将泡沫铝用作咖啡厅、西餐厅、办公室等防止噪声的内装置材料。德国卡曼汽车公司将泡沫铝用于降噪用的汽车顶盖板[100]，用三明治式复合泡沫铝材制造的吉雅轻便轿车（Ghiaroadster）的顶盖板的刚度比原来的钢构件大 7 倍左右，还有更高的吸收冲击能与声能的效果，对频率大于 800Hz 的噪声有很强的消声能力。在国内，1999 年方正春、马章林在研究了开孔泡沫铝的吸声机理后给出了空压机房、列车发动机、施工现场、声频室的降噪设计实例。2001 年，因泡沫铝具有良好的水下吸声性能，王月设计将其作为船用材料。2003 年吴梦陵、张绪涛提出将泡沫铝用于汽车气缸、气阀等排气用的消声器[101]，采用泡沫铝合金作为消声器的替代消声材料，消声性能明显提高，除降低噪声外，自身特殊的结构、性能对于改善大气环境、防治污染可发挥巨大的作用。2004 年，于英华[102,103]设计将泡沫铝用于机床工作台降噪。研究认为，采用泡沫铝夹芯结构制造工作台可以改善其动态性能，从而减小振动和噪声，改善加工环境，提高加工精度，延长刀具寿命。上海卢浦大桥应用泡沫铝与安全玻璃组合制作的声屏障，是国内泡沫铝作为大规模生产的产品应用的突破。烟台莱佛士船业有限公司建造的出口拖轮使用泡沫铝后的实船噪声测试效果也较显著[104]。由黄埔造船厂制造的深圳海监 45m 级巡逻船的驾驶室和接待室使用泡沫铝后，舱室噪声测量结果显示，该船的驾驶室、接待室的噪声控制在 70dB 以下，满足了用户的使用需求[105]。

1.6 噪声污染现状

为人们生活和工作所不需要的声音称为噪声。人耳可听声的频率范围是 20Hz ~ 20kHz[106]，一切可听声都可能被判断为噪声。因此，噪声的频率范围也是 20Hz ~ 20kHz。从物理现象判断，一切无规律的或随机的声信号叫噪声；噪声的判断还与人们的主观感觉和心理因素有关，即一切不希望存在的干扰声都叫噪声；在电路中，噪声指由于电子持续的杂乱运动形成频率范围很宽的干扰[107]，本书中所指噪声均不包括此类，仅指声噪声[108]。噪声可由自然现象引起，但是随着现代社会工业生产及交通运输业的发展，噪声来源越来越广泛，噪声的污染和危害也日益严重[109]。噪声污染与水污染、空气污染一起被称为当代三大污染[110]。

随着工业化的推进及现代交通运输业的发展，噪声问题越来越突出，日益严重地影响着人们的生产和生活，城市环境噪声成为亟待解决的环境问题。

城市环境噪声根据来源分类可分五种：工业噪声、交通噪声、建筑施工噪声、社会生活噪声和自然噪声[111]。工业噪声主要来自工厂的机器高速运转设备、金属加工机床、发动机、发电机、风机等；交通噪声污染主要是汽车、摩托车、船舶、飞机等各类交通工具的发动声和喇叭声；建筑施工噪声包括推土机、打桩机、搅拌机及装修机械噪声；社会生活噪声指日常生活和社会活动所造成的噪声，包括家庭、商业、文化娱乐场所的噪声等[112]；自然噪声指来源于自然现象，而不是由机器或其他人工装置产生的电磁噪声。

噪声对周围环境的危害首先体现在对人的危害，主要是对人体健康的损害。噪声会直接危害人的听力，导致听力下降，严重时甚至造成耳聋。即使强度较低，但长期作用的噪声仍会严重危害人体其他器官。噪声作用于人的中枢系统，干扰人的基本生理过程，久而久之，导致神经衰弱；还会带来一系列的心血管、胃肠功能紊乱等疾病。另外，噪声对睡眠的影响也是显著的，较高的噪声会使人从睡眠状态惊醒，强度不高即使仅有 40 ~ 45dB 仍会对人产生觉醒反应，令人不能进入深度睡眠，影响睡眠质量[113]。

噪声在其他方面的危害也是广泛存在的，干扰正常情况下的语言传播，影响正常工作的进行。强噪声刺激的工作环境，令人心情烦躁、注意力不集中、工作速度和质量降低，工作效率降低，甚至可能造成事故；强噪声还会导致精密仪器灵敏度降低，造成建筑物、墙壁、窗玻璃等的开裂和损坏等[114]。

交通噪声作为城市环境噪声的主要来源，对于人们生产、生活的危害更是突出，尤其是夜间行车，严重干扰公路两侧居民的睡眠，长期处于这种环境会给健康埋下隐患[115]。因此，必须采取有效的措施来防治和控制交通噪声污染。交通噪声污染的控制方法是多方面的，每个方面也有多种措施。

降低机动车辆的排放噪声是控制交通噪声污染的最根本的方法，这是源头控制方法[116]。但要降低车辆噪声，就有必要对机动车辆的设计进行改进。使用消声装置降低车辆噪声，是切实可行又简单有效的降噪方法。

加强交通管理，执行上路车辆排放噪声达标检验及特殊路段禁止鸣笛制度，是控制交通噪声污染源排放的方法之一[117]。这一方法的实现，需依赖于法律法规的实施。

在公路或铁路选线及设计的过程中可通过调整选线、修建隧道或低堑道路[118-120]、修建低噪声路面等方法降低道路交通噪声的危害，但修建隧道或低堑道路会增加经济成本，调整选线的实施性受到地理环境的限制，低噪声路面只能降低以轮胎噪声为主的车辆噪声[121]，且后期维护成本较高，因此，这一措施具有很大的局限性。

一般认为，在受保护的环境噪声敏感建筑物前建植绿化林带，可以达到防治交通噪声与汽车尾气污染的双重效果[122]。但实验研究表明，绿化林带的减噪效果并不理想，占地面积大，且在冬季枯叶后减噪效果还会大大降低[123,124]。

在道路两旁修建声屏障可有效降低交通噪声，在道路与受保护的环境噪声敏感建筑物之间修筑道路声屏障，其降噪量可达5～15dB，而且可以因地制宜地建造各种类型声屏障，在外形设计上可与环境协调一致[125－129]。道路声屏障易维护，选择合适的降噪材料可使降噪效果受气候变化的影响减小，使用年限可与道路使用年限一致，不必频繁更换。

1.7 现有降噪材料及降噪效果

严格地讲，任何材料都有一定程度的声吸收能力，而所谓吸声材料是指那些吸声能力相对较大、专门用作吸声处理的材料。一般常将吸声系数 α 大于0.3的材料称作吸声材料。吸声材料根据材料的结构状况可分三大类：多孔吸声材料(结构)、共振吸声结构和特殊吸声结构。多孔吸声材料主要有三类：纤维材料、颗粒材料、泡沫材料[130－133]。

在吸声材料发展过程中使用广泛的是纤维类材料，分有机纤维材料和无机纤维材料。最初阶段主要是有机纤维类，包括动物纤维和植物纤维，动物纤维材料主要有毛毡和纯毛地毯，其特点是吸声性能好、装饰效果华丽，但价格较贵，只有在非常高档的装修中才使用；植物纤维材料主要有木绒吸声板、麻绒、海草、椰子丝等，这些材料虽然价格便宜，但防火、防潮、防霉效果差，而且材料来源地域性强，难以广泛使用。无机纤维类材料是多孔性吸声材料中最主要的类型，也是目前在实际声学装修工程和降噪处理中使用最多的吸声材料。从材质上主要分为玻璃棉、矿渣棉、无纺织物、环保纤维材料等。其中矿渣棉产品由于容易产生颗粒吸入物，在施工时容易对皮肤产生刺激性，环保性能较差，密度较大，使用受到很大限制；玻璃棉吸声性能好、价格低廉、密度小，但施工难度较大，纤维易断、易碎，易发生纤维发散，污染空气，刺激施工人员皮肤；无纺织物材料的特点是防潮性能比较好，可用于潮湿环境，但质地比较柔软，表面平整度差，难以保证装饰效果；环保纤维材料是最近新研制出的高效吸声材料，符合目前所流行的对材料的环境保护要求，但价格较贵[134－136]。

颗粒吸声材料主要是由膨胀珍珠岩系列或陶土等制成的吸声砌块或板材。此类材料的主要优点是防水和防火性能好、安装简便，但吸声效果相对较差。吸声转产品的装饰效果也不尽理想，且很难进行饰面处理，仅能用于对防潮、防火要求较高且装修、降噪效果要求较低的场合。

泡沫类材料主要是泡沫塑料、泡沫玻璃、加气混凝土和泡沫金属类。泡沫塑料的主要优点是容易进行造型处理、装饰效果好，可用于较高档的装修工程；存在的问题是吸声性能不稳定，传统产品防火性能差，最近虽生产出阻燃的吸声泡沫塑料，但价格昂贵，不利于推广使用。泡沫玻璃的吸声效果较差，但具有非常好的防潮、防水性能，一般用于高潮湿环境和水下吸声。加气混凝土虽然有一定的吸声作用，但吸声性能和装修效果均较差，很少作为吸声材料使用。泡沫金属是新兴的用于吸声的材料，泡沫金属类有泡沫铝、泡沫镁、泡沫铅等，综合考虑经济因素及泡沫金属自身的性质，用于吸声降噪较多的是泡沫铝类[137,138]。

共振吸声材料和结构主要有薄板共振结构、亥姆霍兹共振吸声器、穿孔吸声结构和宽带吸声结构等。与多孔性吸声以材料为主不同，共振吸声以结构为主。共振吸声材料和结构主要对中低频有很好的吸声特性，而多孔性吸声材料的吸声频率范围主要在中高频，因此在进行声学设计时，合理地将共振吸声材料和结构与多孔吸声材料相结合，可以使整个频段内的吸声效果都变得更好。

1.8 闭孔泡沫铝应用于吸声降噪领域的优势

1.8.1 闭孔泡沫铝吸声性能

闭孔泡沫铝作为一种具有多种优良性能的特殊金属材料，从最初发明到今天工艺不断成熟、完善，现在已经可以生产出大尺寸的样件，并开始工业化生产，具有了可以广泛应用的先决条件。将闭孔泡沫铝应用到国民经济各个领域需要对它的各方面性能具有系统的了解和把握，但其性能尤其是声学性能的测试有欠完备。在以往的研究中，对泡沫铝材料的吸声性能测试和机理研究主要集中于开孔型泡沫铝，闭孔泡沫铝的闭合孔结构使其吸声效果欠佳，压缩处理虽然提高了吸声系数，却破坏了闭孔泡沫铝自身的结构，使其他性能大大降低。这些原因导致闭孔泡沫铝在声学领域的应用受到限制。因此，只有在掌握闭孔泡沫铝吸声机理的同时，通过合理的处理方法改善闭孔泡沫铝的吸声性能，才能发挥闭孔泡沫铝自身的优势，实现其在吸声、降噪领域的应用。

1.8.2 闭孔泡沫铝声屏障

相比于发达国家而言，中国交通噪声污染的防治工作尚处于起步阶段。但是，随着中国高速铁路、高等级公路的飞速发展，声屏障的研究和使用已经引起社会各界的普遍关注。截至目前，各国着力研发和应用的仍然是无源声屏障。无源声屏障有两类：一类是扩散反射型声屏障，另一类是吸声共振型声屏障。传统的扩散反射型声屏障一般采用凸面反射将入射噪声分解成许多比较弱的反射声波，其存在的问题包括：

（1）自重较大且需要的建筑空间较多；

（2）加重屏障另一侧的噪声污染程度；

（3）恶化行车区域内司乘人员的声环境，降低司乘人员对各种音讯信号的判别能力。因此，使用和开发新型的吸声共振型声屏障已成为城市和轨道交通噪声治理的发展方向。

吸声共振型声屏障是利用吸声材料或吸声结构来降低噪声。当今高速铁路通常使用的吸声共振型声屏障的吸声结构多由开孔护面板、岩棉（或玻璃棉）和背部空腔组成。尽管其吸声系数较高，但使用过程中也暴露出较为严重的问题。诸如：

（1）护面板与岩棉（或玻璃棉）之间的连接问题及骨架材料对吸声材料声学性能的影响；

（2）岩棉（或玻璃棉）因吸湿而导致的吸声能力下降问题；

（3）灰尘从护面板开孔处进入并不断在岩棉（或玻璃棉）中累积而降低吸声能力的问题；

（4）岩棉（或玻璃棉）的老化问题以及在干燥天气下列车经过时脉动载荷引起的纤维飞扬问题。因此，需要进一步开发构造简单、轻型环保、声学性能稳定的新型声屏障。

1.8.3 闭孔泡沫铝汽车排气消声器

一般来讲，汽车噪声是用来评价汽车等级水平的重要指标，而排气噪声又是主要的汽车噪声源之一，因此需要对排气噪声严格控制。仅仅从控制发动机噪声源的角度来控制排气噪声所能达到的效果非常有限，因此，使用排气消声器是控制排气噪声最直接、有效的方法。近年来消声器的设计和研制受到汽车行业的广泛重视，研究汽车排气消声器，对于减少汽车噪声、降低噪声污染具有重要的社会意义和应用价值[139]。

汽车排气消声器是一种较为复杂的声学元件，既要消声量大，又要排气阻力小、能耗低，这些指标是相互矛盾的。要解决这个问题，实施设计是一个比较复杂的问题。虽然消声器的设计方面有些理论公式，但因这些公式计算的结果与实际情况相差较大，所以实际设计中除少部分公式作预估计，其余几乎都不使用，而常用试错法通过反复设计、试制、实验来研制消声器[140]。现有的汽车排气消声器种类繁多，形式多样，但存在一系列的问题，如：

（1）使用多孔纤维类吸声材料，制造阻性消声器，消声器本身可以达到比较好的降噪效果，但排气背压较大，易造成过大的功率损失。同时，材料本身存在寿命短、耐蚀性差、环境污染等问题；

（2）使用抗性消声结构，可以使用耐蚀性好、经久耐用的材料，但材料本身多为金属类，密度大、吸声结构复杂，导致吸声结构质量大、排气背压大、功率损失大。因此，需要寻找密度小、吸声效果优良、耐蚀性好、使用寿命长的吸声材料，并设计结构简单的排气消声器来降低汽车的排气噪声。

2 闭孔泡沫铝材料的吸声性能及吸声机理

2.1 引言

声波在理想介质中传播，介质无阻尼，只做弹性形变，不发生吸收作用。声波在非理想介质中传播会发生衰减，产生衰减的主要方式有几何衰减、散射作用和吸收损失。前两种并没有从本质上减少声波的能量，只是改变了声波的传播方向或方式。吸收损失是由于介质本身对声能的吸收，使声波不断损失能量，其实质是声波波动形式的力学能量不断转换成了其他种类的能量，在大多数情况下，转换为热能。声吸收产生的主要原因是介质的黏性、热传导和微观过程引起的弛豫效应。当声波入射到材料表面时，部分声能将被材料吸收，材料吸声能力的大小可用吸声系数 α 来表征[109]。

本章主要介绍闭孔泡沫铝自身的气孔率、厚度、泡孔孔径对吸声系数的影响规律和作用机理；对闭孔泡沫铝进行打孔处理，打孔后材料的打孔率、打孔孔径、孔排列方式、背后空气层厚度对材料吸声系数的影响规律及作用机理；打孔后对不同结构的闭孔泡沫铝进行组合——与玻璃棉组合，与打孔铝板组合，表面覆盖纤维吸声布，之后测量吸声系数，研究吸声机理，比较吸声特点。根据所有测试的吸声效果及吸声结构本身的特点探讨应用于实际降噪的可行性。

2.2 测试样品制备

2.2.1 闭孔泡沫铝测试样件的选取

闭孔泡沫铝测试样件选自按照“熔体直接发泡法生产泡沫铝的方法”生产的闭孔泡沫铝[141]，所生产的闭孔泡沫铝块尺寸为 900mm × 2100mm × 300mm，对其进行切割，得到不同厚度 800mm × 2000mm 规格的板材，根据试验的需要，随机取样，再切割出直径 99mm 的圆盘试样。

2.2.2 测试样件加工方法

2.2.2.1 打孔板制备

由于驻波管的测试条件要求，所选试样必须直径 99mm。为减少对泡沫铝的破坏，同时达到实验要求，采用了钼丝直径为0.18mm的线切割机对泡沫铝样品进行切割。根据测试的需要，用线切割的方法加工出不同厚度、直径为99mm的试样。

对于需要打孔的试样，使用实验所需的不同型号的钻头对其进行打孔处理，所有的打孔均为通孔，打孔的孔排列方式取为正方形排列。在比较不同孔排列方式对吸声效果的影响试验中，采取两种形式的孔排列，即正方形排列和正三角形排列，两类打孔方式中孔的排列方式如图2.1所示。其中，图2.1(a）为正方形排列，图2.1(b）为正三角形排列。

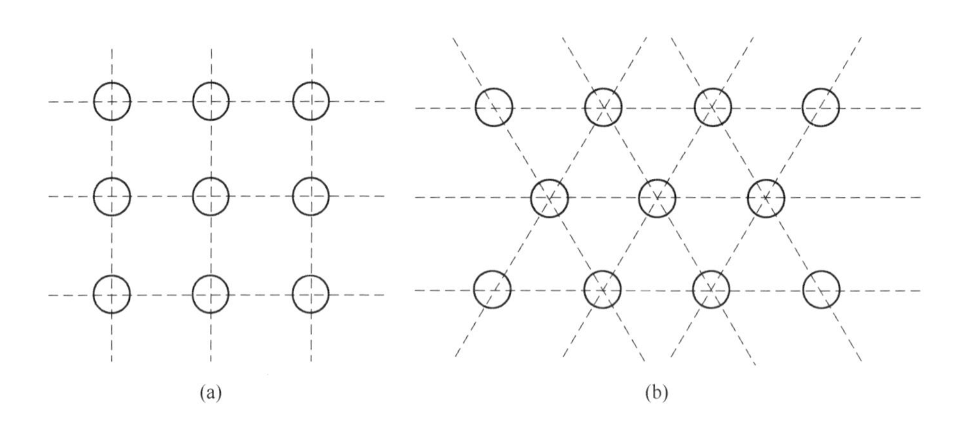

图2.1　泡沫铝打孔方式示意图

打孔时需根据打孔率计算孔心距，得到所需的测试样件。正方形排列孔和正三角排列孔的孔心距与打孔率、孔径的关系如式（2.1）和式（2.2）所示：

$$P=\frac{\pi}{4}\frac{d^2}{B^2} \tag{2.1}$$

$$P=\frac{\pi}{2\sqrt{3}}\frac{d^2}{B^2} \tag{2.2}$$

式中　P——打孔率，%；

d——孔径，mm；

B——孔心距，mm。

2.2.2.2　添加其他材料或结构

在吸声性能研究的实验测试过程中，在打孔的闭孔泡沫铝板后设置空腔，以形成共振结构，空腔厚度根据试验的需要有所变化；在打孔闭孔泡沫铝板后加放玻璃棉，形成组合吸声结构，玻璃棉贴闭孔泡沫铝放置，根据测试需要玻璃棉取不同厚度；在打孔的闭孔泡沫铝前放不同打孔率的1mm厚的铝板，铝板打孔方式与闭孔泡沫铝相同，闭孔泡沫铝与铝板间留一定厚度的空腔，组成双层共振结构；在打孔的闭孔泡沫铝前放不同打孔率的1mm厚的铝板，铝板打孔方式与闭孔泡沫铝相同，铝板紧贴闭孔泡沫铝板放置，二者之间不留空腔；在打孔的闭孔泡沫铝试样表面加放1mm厚装饰布，装饰布贴闭孔泡沫铝放置，形成复合结构；对添加了其他材料或结构的闭孔泡沫铝试样进行吸声系数的测试。

2.2.3 材料表面处理

首先使用热碱液除去闭孔泡沫铝表面的皂化性油脂，所用碱液成分为Na_3PO_4和Na_2CO_3；使用皂粉、OP乳化剂对闭孔泡沫铝表面进行乳化除油，除去矿物性油脂；使用稀硝酸除去闭孔泡沫铝表面的氧化膜，对闭孔泡沫铝表面进行活化，试验所用酸为40%的稀硝酸。前处理后，配置电镀镍所使用的镀液，在水中加入硫酸镍作为主盐，浓度为250g/L；加入氯化镍作为主盐和阳极活化剂，浓度为60g/L；加入硼酸作为pH值缓冲剂，浓度为40g/L；加入十二烷基硫酸钠表面活性剂，浓度为0.1g/L；加入糖精和1-4丁炔二醇作为初级和次级光亮剂，浓度分别为0.8g/L和1g/L；加入低区走位剂增加深镀能力，浓度为30ml/L。以此配成对闭孔泡沫铝进行表面镀镍的镀液。镀液配好后，进行电镀。电镀时，控制液温在50~55℃，电流密度在2~5A/dm^2，控制pH值在4.1~4.3，控制阴阳极面积比在1∶1.5。电镀结束后，对闭孔泡沫铝进行除氢热处理，控制温度在145~150℃左右，热处理温度不宜过高，时间以1h为宜[142]。

2.3 吸声系数测量方法

2.3.1 吸声系数表征

2.3.1.1 吸声系数定义

声波通过媒质或入射到媒质分界面上时声能的减少过程，称为吸声或声吸收。材料的吸声过程如图2.2所示。

吸声系数[143]是用来表征材料吸声能力的物理量，定义为被材料吸收的声能量与入射总声能量的比值，用符号α表示，数学表达式为：

$$\alpha = \frac{E_a}{E_i} = 1 - \frac{E_r}{E_i} = \frac{E_i - E_r}{E_i} \tag{2.3}$$

式中 α——吸声系数；

E_i——入射总声能量，J；

E_r——反射声能量，J；

E_a——吸收声能量，J。

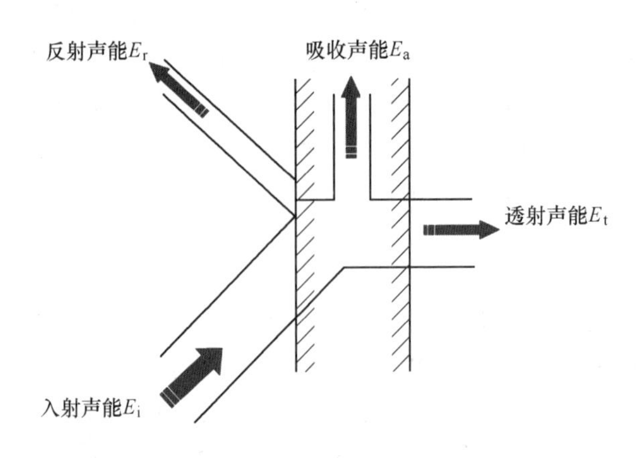

图 2.2　声波入射至吸声材料被吸收、反射及透射情况

α 值在 0 ~ 1 之间变化：$\alpha=0$ 表示无声吸收，材料为全反射；$\alpha=1$ 表示声波全部被吸收。α 值越大材料的吸声效果越好。

2.3.1.2　测试方法分类

一般测量材料的吸声系数需要测一组倍频程，得出材料在不同频率下的吸声系数值。常用的吸声系数的表征有无规则入射吸声系数、垂直入射吸声系数。无规则入射吸声系数的测量条件较接近实际使用条件，在混响声场中进行，因此也称混响室法吸声系数；垂直入射吸声系数为材料表面法向垂直入射时测定的吸声系数，通常用驻波管法测量。

混响室法测量吸声系数对测试样件尺寸要求较高，要求测试样件面积为 10 ~ 12m^2。实验测试时一般需进行多组测量比较，需要大量的测试样件，用混响室法测试难以实现。

驻波管法是测量垂直入射吸声系数，测试样件只需较小的尺寸就可以满足测量条件，测法简单适合于实验研究。本书中吸声系数的测试实验均是采用驻波管法进行，在下两小节中介绍驻波管法测量的相关问题。

2.3.2　测试仪器

2.3.2.1　驻波管法测量规范

本书实验均使用驻波管法进行闭孔泡沫铝吸声系数的测量，试验的测量依据为 GBJ 88—1985《驻波管法吸声系数与声阻抗率测量规范》。

实验温度为 24℃，湿度 66%，1/3 倍频程测量，声频值：160Hz、200Hz、250Hz、315Hz、400Hz、500Hz、630Hz、800Hz、1000Hz、1250Hz、1600Hz、2000Hz。

2.3.2.2 仪器组成

本书中实验所采取的测试仪器为北京中科院声学所九所的驻波管，所测得的吸声系数为垂直入射吸声系数。驻波管测试仪的结构示意图如图 2.3 所示，实物图如图 2.4 所示。

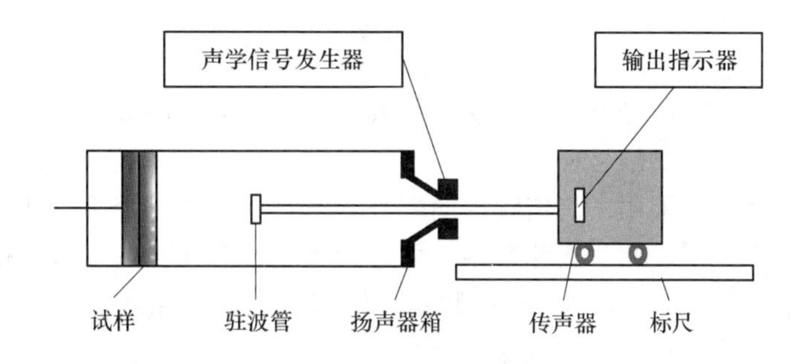

图 2.3 驻波管吸声测试仪结构示意图

图 2.4 驻波管吸声测试仪实物图

测试仪主要由驻波管、声源系统、接受系统等部分组成。驻波管为一圆形截面的长管道，管壁由密实坚硬材料制成，内表面平滑无缝。驻波管分两段，一为试件段，装置试件；一为测试段，为驻波管主体，进行测量。两段横截面与壁厚完全相同且同轴连接。驻波管测试的频率范围与管的粗细和长短有关。因此，若要覆盖不同频段，需使用长短、粗细不同的管。测试频率满足下列公式：

$$f_{上} < \frac{3.83c}{\pi D} \tag{2.4}$$

$$f_{下} > \frac{c}{2l} \tag{2.5}$$

式中 $f_{上}$——测试频率上限，Hz；

$f_{下}$——测试频率下限，Hz；

c——声速，m/s；

l——管长，m；

D——管直径，m。

声源系统由声频信号发生器、功率放大器、扬声器等部分组成。扬声器必须以纯音信号激发。激发信号一般由声频信号发生器发声，后经功率放大再反馈送至扬声器。信号频率采用1/3倍频程的中心频率。在测试过程中，纯音信号的幅值和频率要保持稳定。同一次测量中，信号幅值的漂移不应大于0.2dB，频率的漂移不应大于0.5%。接受系统由探测器和输出指示装置组成。探测器的主体为一可移动的传声器。传声器可直接装置在驻波管内，探测器在管内装置部分的总和，不能大于驻波管截面积的5%。由探测器把信号传入输出指示装置。指示装置由信号放大器、衰减器、滤波器和指示器等部分组成[144]。

2.3.2.3 仪器测试原理

在驻波管中测量的为声压的极大值和极小值，它们的比值为驻波比，相应地即为接收信号的电压比。

试件的吸声系数通过测量给定频率的驻波比或其倒数按下列公式导出：

$$\alpha = \frac{4S}{(S+1)^2} \tag{2.6}$$

$$\alpha = \frac{4n}{(n+1)^2} \tag{2.7}$$

式中 α——吸声系数；

S——驻波比，即声压极大值与极小值之比；

n——驻波比的倒数。

测试中吸声系数值可由仪器上直接读出。

2.3.2.4 测试操作方法

试件要牢靠地固定在驻波管试件段内，试件表面要平整，试件截面面积和形状要与驻波管截面相同。试件侧面与管壁紧贴，无缝隙，为增加密闭性可使用密封泥等密封。试件背面与驻波管底板紧贴，当要求背后有空腔时，需在试件与底板之间留出所要求厚度的空气层。本书中实验所测为噪声频率2000Hz以下的吸声系数值。样件安装好之后，手动调节频率档，读出相应频率下的吸声系数值，频率从160~2000Hz按1/3倍频程增加，即可得到一个倍频系列的吸声系数值。为增加测试结果的可靠性，每组试样重复测量3次，取平均值。

2.4 分析方法

与吸声系数相关的对材料吸声性能的表征主要有吸声系数峰值、降噪系数、降噪系数、吸收峰半峰宽值。根据实验的需要，选取一个或几个指标对吸声效果进行评价。在本书中，对吸声曲线比较简单或吸声效果相差较大的只比较吸声峰值，对吸声曲线比较复杂且只比较吸声峰值不能得出结论的，加入对降噪系数和半峰宽的讨论。

吸声系数峰值指的是吸声系数所能取得的最大值，代表了该吸声材料主要的吸声频段。

降噪系数是对中心频率在250Hz、500Hz、1000Hz、2000Hz的吸声系数值的平均，计算公式如式（2.8）所示：

$$NRC = \frac{\alpha_{250} + \alpha_{500} + \alpha_{1000} + \alpha_{2000}}{4} \tag{2.8}$$

式中 α_{250}——材料在250Hz的吸声系数值；
α_{500}——材料在500Hz的吸声系数值；
α_{1000}——材料在1000Hz的吸声系数值；
α_{2000}——材料在2000Hz的吸声系数值。

材料的降噪系数体现该吸声材料在整个频段内的吸声能力，反映出对于一些噪声频段较宽的情况该材料是否具有应用价值。

半峰宽指的是吸声系数降到峰值一半时频带的宽度，常用Ω表示，计算公式如式（2.9）所示：

$$\Omega = 6.6\lg\left[\sqrt{1 + \left(\frac{1}{2Q}\right)^2} + \frac{1}{2Q}\right] \tag{2.9}$$

式中 Q——无量纲的品质因数。

Q值与打孔板后空腔深度、共振声波波长、相对声阻率等因素有关。

在闭孔泡沫铝吸声性能的测试实验中，根据测得的吸声系数频谱分析数据，计算出降噪系数、半峰宽值，对各种因素对吸声系数的影响进行分析。在分析中，对于吸声峰值相差较大的或频率曲线比较简单的只需要比较吸声峰值的大小；对于吸声峰值相差不大、曲线宽度相差较大的或频率曲线比较复杂的，除比较吸声峰值和降噪系数外，还要比较半峰宽值的大小。在实验分析中，对于需要讨论吸声主频段的，给出吸声峰值中心频率。

2.5　普通闭孔泡沫铝板吸声性能

2.5.1　普通泡沫铝板吸声系数测试结果

对气孔率为 88.1% 的闭孔泡沫铝试样进行吸声系数测试，具体参数列于表 2.1。

表 2.1　闭孔泡沫铝测试试样参数

试样	气孔率/%	厚度/mm	平均孔径/mm	孔壁厚度/mm
闭孔泡沫铝	88.1	10	11	0.42

使用驻波管法对闭孔泡沫铝试样进行吸声系数测试，吸声系数对应频率分布曲线如图 2.5 所示。由图 2.5 可见，其吸声系数峰值仅有 0.42，吸声系数整体不高，相对来说是高频好于低频，主要的吸声频段集中在高频。

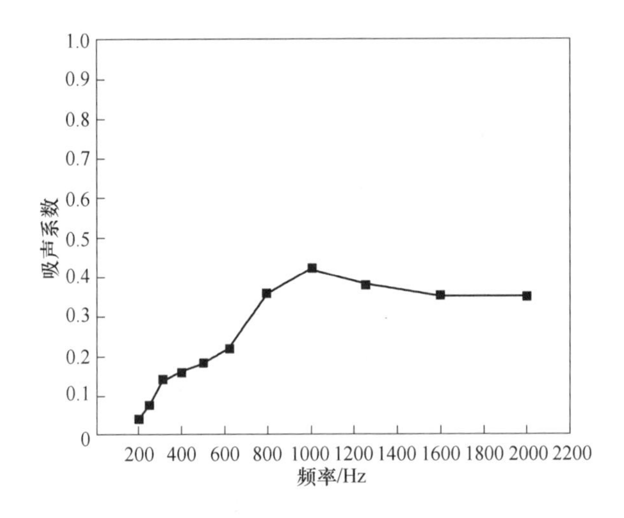

图 2.5　泡沫铝材料吸声系数 - 频率曲线

2.5.2　不同气孔率泡沫铝板吸声系数

实验所用不同气孔率的闭孔泡沫铝实物图如图 2.6 所示。从图 2.6 中可以看出，表面孔形状基本上规则，气孔率小的 1 号试样表面孔多呈圆形，气孔率较大的 2 号、3 号、4 号试样则大多呈五边形和六边形，但孔壁之间都以 Y 形连接，2 号、3 号、4 号试样中存在局部泡合并现象，且随气孔率的增大泡孔合并几率增大。

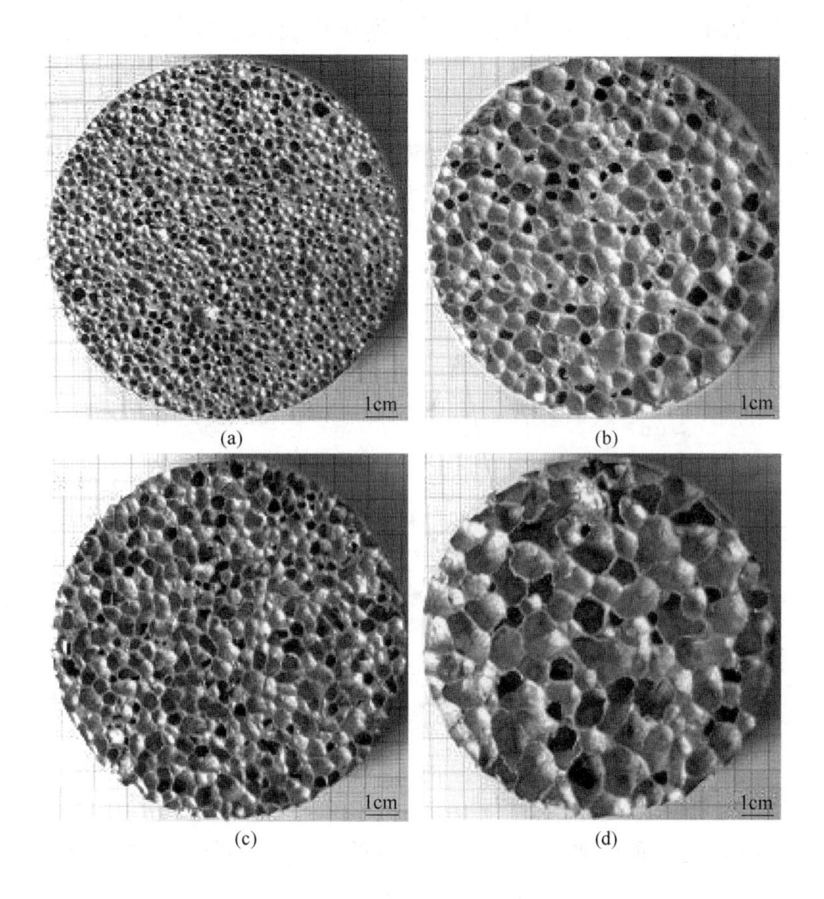

(a)　(b)　(c)　(d)

图 2.6　不同气孔率闭孔泡沫铝试样
（a）1 号试样；（b）2 号试样；（c）3 号试样；（d）4 号试样

表 2.2 是不同气孔率的闭孔泡沫铝试样详细参数，从表中可知 1 号、2 号、3 号、4 号试样随气孔率逐渐增加，其平均孔径尺寸越来越大，孔壁厚度越来越小。

表 2.2　不同气孔率闭孔泡沫铝参数

试样	气孔率/%	厚度/mm	平均孔径/mm	孔壁厚度/mm
1	67.3	15	3	0.6
2	77.7	15	5	0.56
3	80.4	15	6	0.44
4	88.1	15	11	0.42

图 2.7 为图 2.6 所示不同气孔率闭孔泡沫铝吸声系数频率分布曲线。从图 2.7 中可以看出，闭孔泡沫铝的气孔率对吸声性能影响很大，闭孔泡沫铝的吸声系数峰值随气孔率升高而增大，气孔率高的闭孔泡沫铝的吸声性能明显好于气孔率低的闭孔泡沫铝。降噪系数值随气孔率增大也基本呈增大的趋势，4 号试样的降噪系数和吸声系数峰值均远高于其他试样。

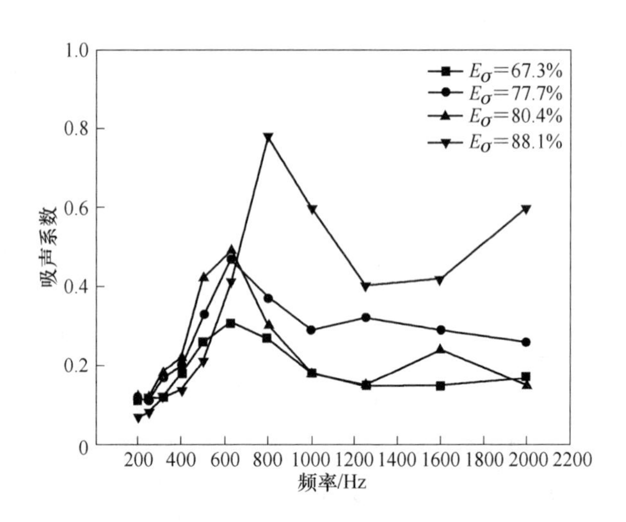

图 2.7　不同气孔率闭孔泡沫铝材料的吸声性能

由表 2.3 可见，所测吸声系数峰值出现的频段前三个试样都在 630Hz，4 号试样出现在 800Hz，因测试的频率以倍频程的形式出现，在某频率下出现峰值只能说明吸声峰值实际出现在该频率附近。所以，整体来看，吸声峰值主要集中在 630～800Hz，也就是说，不同的气孔率对吸声峰值出现的频段影响不大，气孔率主要是改变了吸声系数的大小，而气孔率越大，吸声系数值越高，吸声效果越好。

表 2.3　不同气孔率闭孔泡沫铝吸声系数表征

气孔率	67.3%	77.7%	80.4%	88.1%
吸声系数峰值	0.31	0.47	0.49	0.78
降噪系数	0.18	0.25	0.22	0.37
峰值中心频率/Hz	630	630	630	800

2.5.3　不同厚度泡沫铝板吸声系数

选取不同厚度闭孔泡沫铝试样时，在同一块大的闭孔泡沫铝材料中切割，以使切得的试样具有相同的孔隙率、孔径和孔壁厚度，保证试样厚度为唯一的变量。测量所选厚度分别为10mm、20mm、30mm，其他参数值列于表2.4。

表2.4 不同厚度闭孔泡沫铝参数

试样	气孔率/%	厚度/mm	平均孔径/mm	孔壁厚度/mm
1	79.6	10	4	0.5
2	79.6	20	4	0.5
3	79.6	30	4	0.5

图2.8所示为不同厚度闭孔泡沫铝吸声特性曲线，表2.5所列为不同厚度闭孔泡沫铝吸声系数峰值、降噪系数。由图2.8和表2.5可见，随泡沫铝厚度的增加，低频区吸声系数有所增加，高频区吸声系数有所下降，吸声系数峰值由高频向低频迁移。吸声系数峰值随着厚度的增加先增大后减小，但变化幅度不大，降噪系数值的变化幅度也不大。也就是说，厚度的改变不会对吸声系数产生太大改变，主要是使吸声系数的峰值出现的频段发生了变化。在实际应用中，可通过调整材料厚度实现不同频段的吸声，但若要提高吸声系数则还需改变其他结构参数。

表2.5 不同厚度闭孔泡沫铝吸声系数表征

厚度/mm	10	20	30
吸声系数峰值	0.51	0.52	0.49
降噪系数	0.24	0.24	0.22

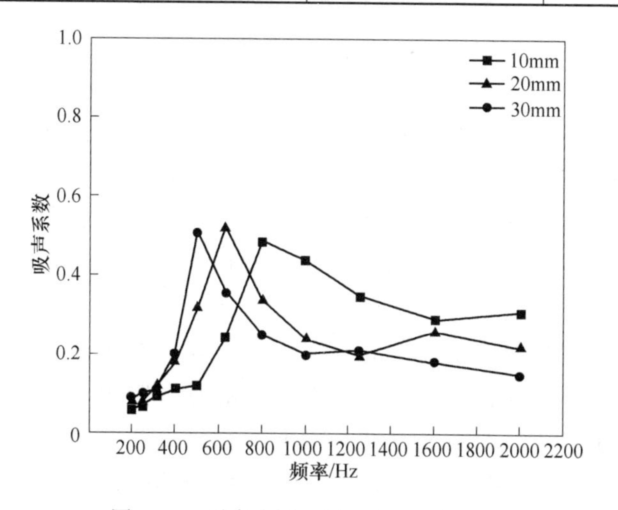

图2.8 不同厚度闭孔泡沫铝吸声性能

闭孔泡沫铝厚度没有太大改变降噪系数的原因为：若不考虑恒定的空气波阻抗，材料的反射系数和吸收系数完全受材料的表面阻抗率控制，而材料表面特性更直接地表征表面阻抗率，由于所选材料的表面物理特性基本相同，因此会出现最高吸声系数和降噪系数不随厚度改变的现象。

2.5.4　不同孔径泡沫铝板吸声系数

图 2.9（a）、图 2.9（b）所示分别为两个气孔率相近，孔径不同的闭孔泡沫铝实物照片。从图 2.9 可看到，虽然两试样气孔率基本一致，但由于孔壁厚度不同，孔径大小相差很大。

(a)　　(b)

图 2.9　不同孔径的闭孔泡沫铝试样
（a）、（b）实物照片

图 2.10 所示为不同孔径闭孔泡沫铝吸声系数的比较。由图 2.10 可直观地看出，孔径大的闭孔泡沫铝吸声系数要比孔径小的闭孔泡沫铝吸声系数高得多。这主要是由于孔径大的闭孔泡沫铝在制备过程中更容易形成缺陷，如微孔和裂缝。这些缺陷的存在，不但使材料内部筋络总表面积增大，有利于声能吸收；而且使闭孔泡沫铝孔与孔之间可以互相贯通，具有了适当的透气性。当声波入射到多孔材料表面时激发起微孔内的空气振动，空气与固体筋络间产生相对运动，由于空气的黏滞性，在微孔内产生相应的黏滞阻力，使振动空气的动能不断转化为热能，从而使声能衰减。因此，同样密度条件下，大孔径的材料更具备吸声优势，但大的孔径会导致其力学性能的下降，在实际应用中需要综合考量。

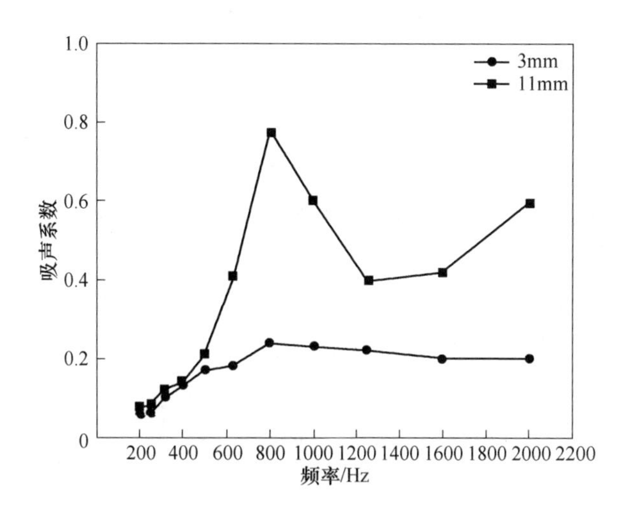

图 2.10 不同孔径大小闭孔泡沫铝吸声性能

2.6 材料的吸声机理

2.6.1 多孔性吸声材料的吸声机理

声波在黏滞性媒介中传播，引起媒介质点振动，当媒介中相邻质点的运动速度不相同时，它们之间由于相对运动而产生内摩擦力（也称黏滞力），阻碍质点运动，从而通过摩擦和黏滞阻力做功使声能转化为热能，使入射声波得到很大衰减。同时，当声波通过媒介时，使得媒介产生压缩和膨胀变化：压缩区的体积变小，使温度升高；而膨胀区的体积变大，相应地温度也降低，从而使相邻的压缩区和膨胀区之间产生温度梯度，一部分热量从温度高的部分流向温度较低的媒介中去，发生热量的交换，使声能转换为热能而耗散掉。多孔性吸声材料的吸声即是基于这一原理。当声波入射到多孔材料的表面时激发其微孔内部的空气振动，使空气与固体筋络间产生相对运动，由空气的黏滞性在微孔内产生相应的黏滞阻力，使振动空气的动能不断转化为热能，从而声能被衰减。另外，在空气绝热压缩时，空气与孔壁之间不断发生热交换，也会使声能转化为热能，从而被衰减。

从多孔材料本身的结构来说，主要有五方面因素影响其吸声特性：

第一是流阻。流阻的定义是空气质点通过材料空隙时的阻力。流阻低的材料低频吸声性能较差，而高频吸声性能较好；流阻较高的材料中低频吸声性能有所提高，但高频吸声性能将明显下降。对于一定厚度的多孔性材料，应有一个合理的流阻值，流阻过高或过低都不利于吸声性能的提高。

第二是气孔率。气孔率的定义是材料内部空气体积与材料总体积的比。对于吸声材料来说，应有较大的气孔率，一般应在70%以上，多数可达90%左右。

第三是厚度。材料的厚度对其吸声性能有关键的影响。当材料较薄时，增加厚度，材料的低频吸声性能将有较大的提高，但高频吸声性能所受影响较小；当厚度增大到一定程度时，再增加材料的厚度，吸声系数的增加将逐步减小；多孔性吸声材料的第一共振频率近似与吸声材料的厚度成反比，即厚度增加，低频的吸声性能提高，吸声系数的峰值将向低频移动，厚度增加1倍，吸声系数的峰值将向低频移动1个倍频程。

第四是密度。其定义是单位体积材料的质量，一般用K表示。例如40K玻璃棉板表示$1m^3$的玻璃棉板质量为40kg。密度对材料吸声性能的影响比较复杂，对于不同的材料，密度对其吸声性能的影响不尽相同，一般对于同一种材料来说，当厚度不变时，增大密度可以提高中低频的吸声性能，但比增加厚度所引起的变化要小。对于每种不同的多孔性吸声材料，一般都存在一个理想的密度范围，在这个范围内材料的吸声性能较好，密度过低或过高都不利于提高材料的吸声性能。有时也用气孔率代替密度来表征多孔材料，气孔率和密度的换算公式如式（1.6）所示，由式（1.6）可看出，二者之间呈反比关系，即气孔率越高，密度越小。

第五是结构因子。在多孔材料吸声的研究中，将多孔材料中的微小间隙当作毛细管沿厚度方向纵向排列的模型，但实际上材料中的细小间隙的形状和排列是很复杂和不规则的，为使理论与实际相符合，需要考虑一个修正系数（称为结构因子），它是一个无因次量。材料中复杂、不规则的孔隙排列有利于吸声。

一般来说，多孔性吸声材料以吸收中、高频声能为主。

2.6.2　共振吸声材料（结构）的吸声机理

对于单个亥姆霍兹共振器，其结构示意图如图2.11所示。其可看作由几个声学元件组成，它的管口及管口附近空气可看作声质量元件，空腔为声顺元件，开口壁面的空气可看作声阻。当入射声波的频率接近共振器的固有频率时，孔径的空气柱产生强烈振动，在振动过程中，由于克服摩擦阻力而消耗声能；当声波频率远离共振器的固有频率时，共振器振动微弱，声吸收很少。因此，吸声系数的峰值出现在共振器固有频率处。对于单个共振器的共振频率可由式（2.10）求得。

$$f_0 = \frac{c}{2\pi}\sqrt{\frac{S}{VL_k}} = \frac{c}{2\pi}\sqrt{\frac{\pi r^2}{V(t + 0.8d)}} \tag{2.10}$$

式中　$L_k = t + 0.8d$；

c——声速，m/s；

S——颈口面积，m^2；

r——颈口半径，m；

V——空腔体积，m^3；

t——颈的深度，即板厚，m；

d——圆孔直径，m。

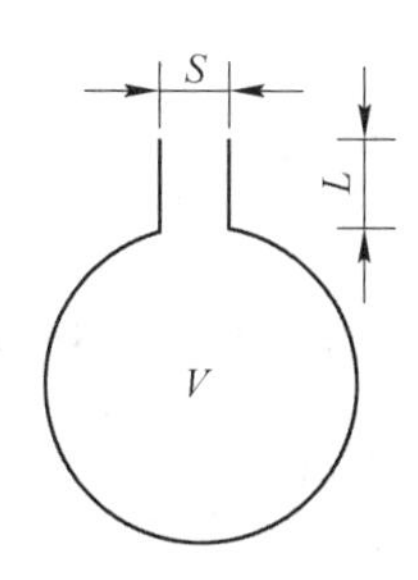

图 2.11 亥姆霍兹共振器结构示意图

因颈部空气柱两端附近的空气也参加振动，需要对 t 进行修正，修正值一般取 $0.8d$。

打孔之后背后加空腔的结构主要依靠共振吸声结构，该结构仿照亥姆霍兹共振器的吸声机理，亥姆霍兹共振器与共振吸声结构的示意图如图 2.12 所示。

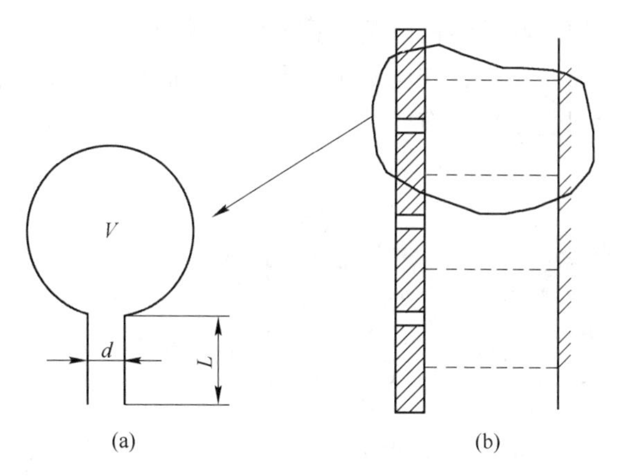

图 2.12 共振结构中局部单个共振器
（a）共振吸声结构整体（b）示意图

亥姆霍兹共振器由几个声学作用不同的声学元件组成，开口管及管内附近空气随声波震动，相当于一个声质量元件。空腔内的压力随空气的胀缩而变化，是一个声顺元件。空腔内的空气在一定程度内随声波而振动，也具有一定的声质量。空气在开口壁面的振动摩擦，由于黏滞阻尼和导热作用，会使声能损耗，它的声学作用是一个声阻。当入射声波频率接近共振器固有频率时，孔颈的空气柱产生强烈振动，在振动过程中，由于克服摩擦阻力而消耗声能；反之，当入射声波频率远离共振器固有频率时，共振器振动很弱，声吸收作用很小，因此，共振器吸声系数随频率变化，最高吸声系数出现在共振频率处。共振吸声结构模仿亥姆霍兹共振器的吸声机理，相当于一系列并联的亥姆霍兹共振器，其吸声规律与亥姆霍兹共振器相似。

穿孔板共振频率可按式（2.11）计算：

$$f_n = \frac{c}{2\pi}\sqrt{\frac{P}{(t+0.8d)L}} \tag{2.11}$$

式中　f_n——穿孔结构共振频率，Hz；

L——板后空气层厚度，m；

c——声速，m/s；

P——穿孔率，%；

d——孔径，m。

2.6.3　普通闭孔泡沫铝板吸声机理

2.6.3.1　表面漫反射作用

由于闭孔泡沫铝特殊的结构以及泡孔无取向等原因，使其进行切割加工后必然会形成不同的表面孔形态，如图2.13所示。表面的凹凸不平使声波在该断面发生漫反射，从而引起干涉消声。

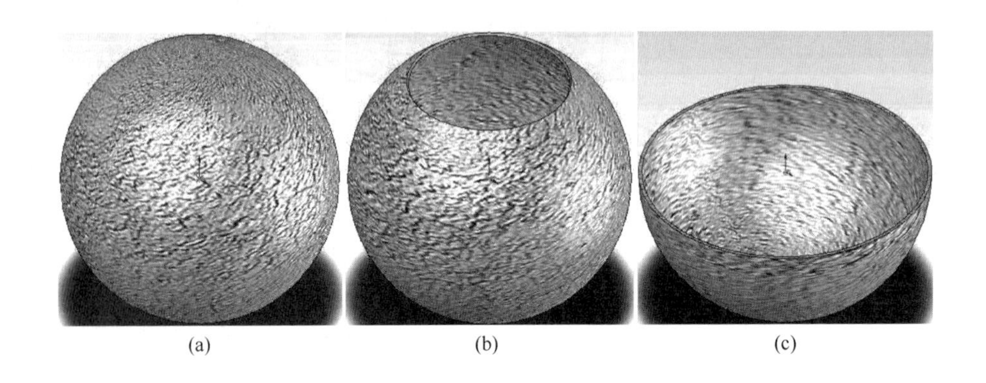

(a)　(b)　(c)

图2.13　闭孔泡沫铝表面结构

2.6.3.2　微孔和裂缝作用

由于闭孔泡沫铝的制备温度高，不能及时冷却等原因，会在内部产生大量的裂缝和微孔，如图 2. 14 所示，这些内部的缺陷结构有利于闭孔泡沫铝的吸声。

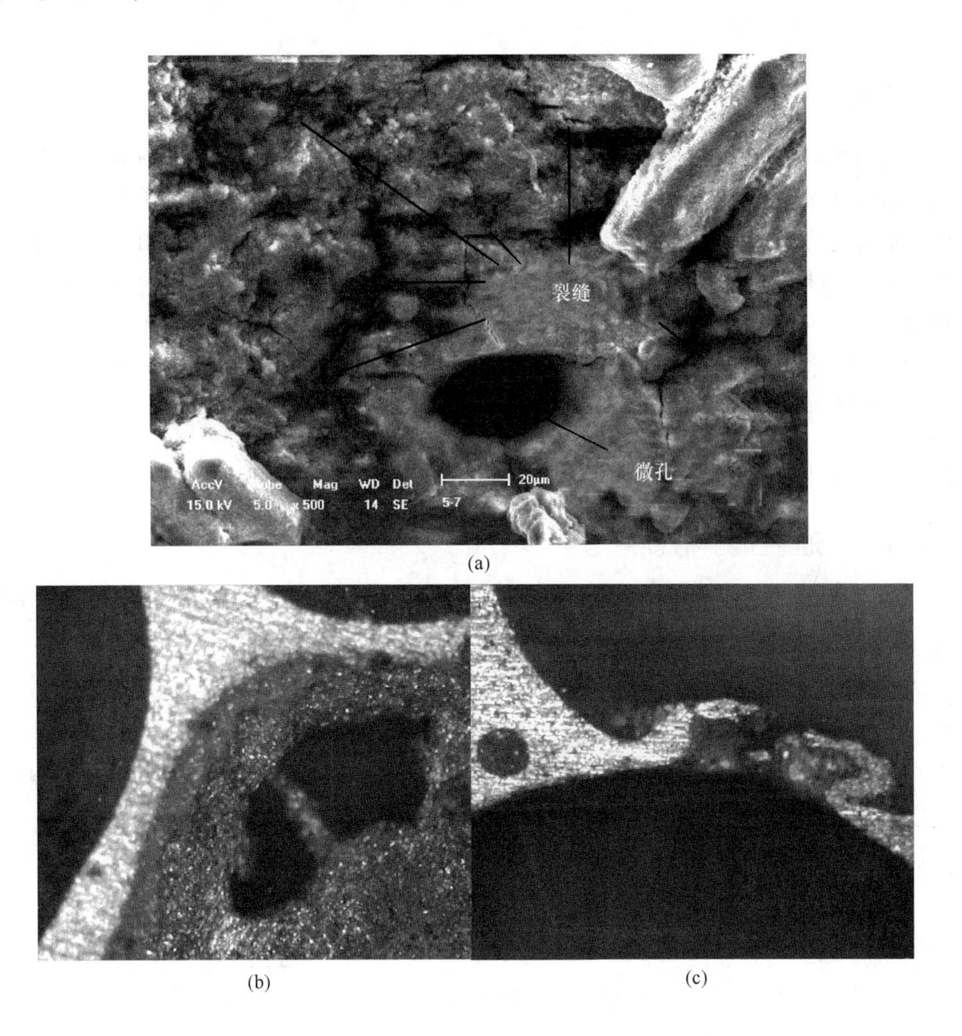

(a)

(b) (c)

图 2. 14 闭孔泡沫铝微孔及裂缝示意图

（a）微孔及裂缝分布；（b）微孔；（c）裂缝

闭孔泡沫铝结构在承受外部声波的激发时，声音可以穿透该结构或使该结构本身发生振动。结构在其共振频率或固有频率下发生振动时，结构就显得更加重要了。铝本身阻尼性能很低，但闭孔泡沫铝的损耗系数值至少比铝本身高一个数量级，结构阻尼通过闭孔泡沫铝内部裂纹面间的摩擦将振动能转变为热能，接着把热能分散到周围环境中去；当声波由微孔或裂纹向泡孔传播时，体积突然膨胀数倍至数十倍，则声波动能因体积突变而衰减；同时，当声波通过微孔或裂纹时，由于流通面积变窄，摩擦阻力增大，亦有利于动能向热能转化，当此过程在孔隙间反复进行时，不断发生体积的膨胀—收缩—膨胀过程，必将促使声能迅速衰减。

2.6.3.3　气孔率对吸声的影响

通常情况下，气孔率增加会造成单位面积亥姆霍兹共振器数目的减少和单个亥姆霍兹共振器消声能力的增强，二者作用几乎相抵。因此，亥姆霍兹共振器对由气孔率增加引起的吸声性能提高的作用可以忽略。造成吸声系数随气孔率增加的主要原因是：气孔率的增加导致泡孔变大、泡壁变薄，因此闭孔泡沫铝内部出现缺陷如裂缝及微孔的机会增多，声波在闭孔泡沫铝表面的漫反射和薄孔壁振动不但会使干涉消声加大，而且由裂缝及微孔引起的摩擦和黏滞消耗也会加剧，从而出现整体吸声性能提高的现象。

2.7　打孔闭孔泡沫铝板吸声性能

2.7.1　打孔前后吸声性能对比

对2.5.1小节中的闭孔泡沫铝进行打孔处理，打孔率为3%，背后加空腔深度30mm。打孔后，通过驻波管法进行吸声系数测试，将测试结果绘成吸声系数对应频率分布的曲线，如图2.15所示。由图2.15可见，经打孔之后的闭孔泡沫铝吸声系数整体都得到提高，峰值有一定的移动，峰形有所变化，但所有改变都有利于吸声。峰形、峰值及吸声系数的变化受哪些因素的影响，需要进一步测定不同的孔排列方式、打孔率、打孔孔径及打孔后不同背后空腔深度后，再进行探讨。

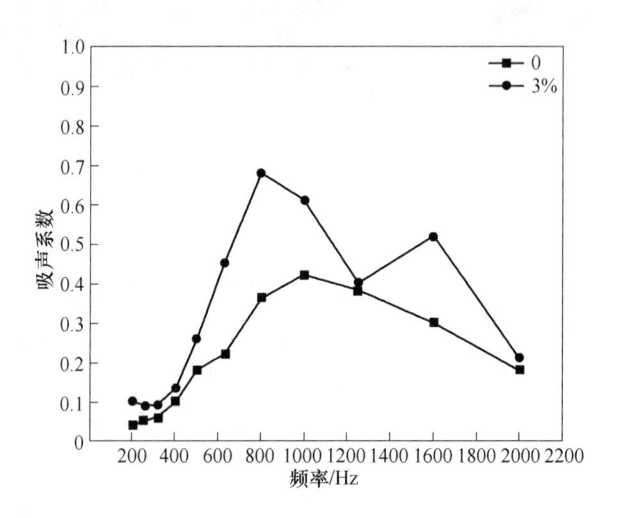

图2.15　打孔泡沫铝吸声系数－频率曲线

2.7.2 孔排列方式对吸声性能的影响

在研究孔排列方式对吸声系数的影响时，分别保持相同气孔率、厚度、孔径和打孔率，对闭孔泡沫铝板进行打孔。气孔率取两类88.1%和90.7%，厚度取两类15mm和10mm，打孔率均为2%，孔排列方式主要采用两类，即方形排列和三角形排列。

两种打孔方式示意图如图2.16所示，其中，(a) 为方形排列，(b) 为正三角形排列，根据式 (2.10) 和式 (2.11) 计算孔心距，具体参数列于表2.6。

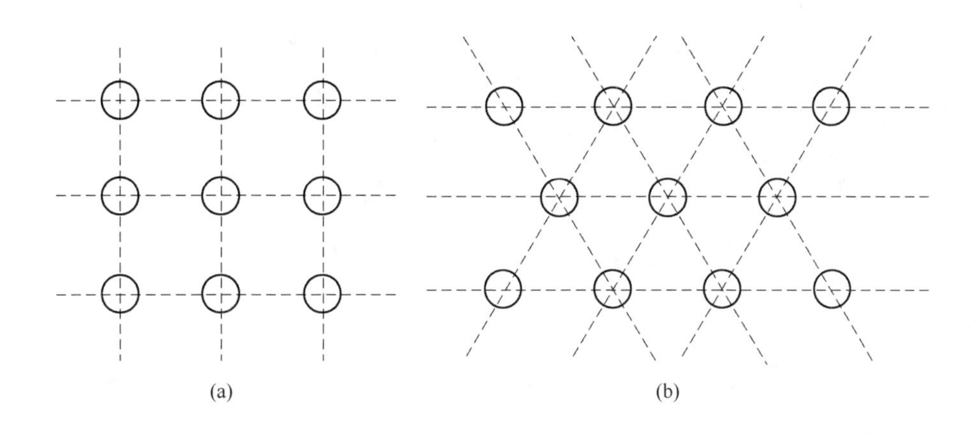

图2.16 泡沫铝打孔方式示意图

表2.6 打孔后不同孔排列方式闭孔泡沫铝参数

试样	孔排列	孔隙率/%	厚度/mm	打孔率/%	打孔孔径/mm	背后空腔深度/mm	孔心距/mm
1	正方形	88.1	10	2	2.5	30	16
2		90.7	15	2	2.5	30	16
3		88.1	10	2	1.5	30	9
4		90.7	15	2	1.5	30	9
5	正三角形	88.1	10	2	2.5	30	17
6		90.7	15	2	2.5	30	17
7		88.1	10	2	1.5	30	10
8		90.7	15	2	1.5	30	10

两组样件试验测试所得吸声系数值对应频率段的分布如图 2.17 所示。图 2.17(a)、图 2.17(b) 为第一组测试结果，其中图 2.17(a) 为 1 号和 5 号试样的吸声曲线，图 2.17(b) 为 3 号和 7 号试样的测试结果；图 2.17(c)、图 2.17(d) 为第二组的测试结果，其中图 2.17(c) 为 2 号和 6 号试样的吸声曲线，图 2.17(d) 为 4 号和 8 号试样的吸声曲线。该组测试曲线的吸声系数峰值、半峰宽、降噪系数和峰值中心频率列于表 2.7。

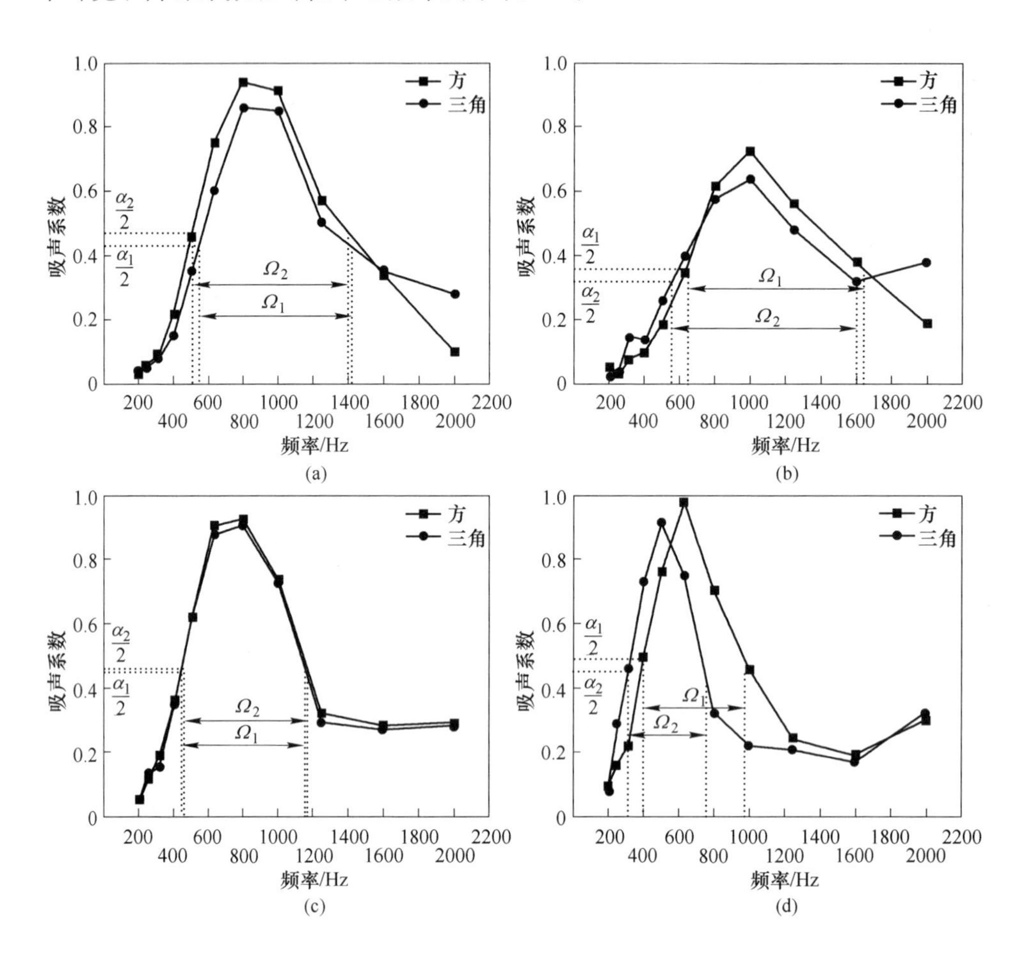

图 2.17　不同孔排列方式吸声系数 - 频率曲线

由图 2.17 和表 2.7 可见，四个图中两种孔排列方式吸声曲线形状基本一致，吸声峰值出现的位置也基本一致，降噪系数、半峰宽值、吸声峰值均未受到孔排列方式的影响。即孔排列方式的不同对于吸声效果并无太大影响，在实际应用中，可以根据需要和所具备的条件在两种打孔方式中任选其一。

表 2.7　不同孔排列方式打孔闭孔泡沫铝吸声系数表征

试　样	1	2	3	4	5	6	7	8
吸声峰值	0.94	0.93	0.73	0.98	0.86	0.91	0.64	0.91
降噪系数	0.38	0.42	0.33	0.4	0.38	0.43	0.29	0.38
半峰宽值/Hz	874	714	998	580	893	715	1044	441
峰值中心频率/Hz	800	1000	800	630	800	1000	800	500

2.7.3　打孔率对吸声性能的影响

不同打孔率闭孔泡沫铝试样的示意图如图 2.18 所示，其中图 2.18（a）为未打孔的泡沫铝试样实物图，图 2.18（b）为打孔 3.5%，图 2.18（c）为打孔 4% 的闭孔泡沫铝试样的实物图。

(a)　(b)　(c)

图 2.18　闭孔泡沫铝测试样件实物图

（a）未打孔；（b）打孔率 3.5%；（c）打孔率 4%

由图2.18可看出未打孔时闭孔泡沫铝的宏观形貌，和闭孔泡沫铝大致的打孔情况，孔排列方式为方形排列。实验分a、b两组：a组为孔隙率71.1%，厚度15mm，背后空腔30mm，打孔率分别为3%、5%、10%的闭孔泡沫铝吸声系数比较，试样具体的结构参数列于表2.8；b组为孔隙率88.1%，厚度10mm，背后空腔30mm，打孔率从0～4%一个系列的闭孔泡沫铝吸声系数比较，试样具体的结构参数列于表2.9。

表2.8 不同打孔率闭孔泡沫铝参数（a组）

试样	气孔率/%	厚度/mm	平均孔径/mm	孔壁厚度/mm	打孔率/%	背后空腔/mm
1	71.1	15	4	0.58	3	30
2	71.1	15	4	0.58	5	30
3	71.1	15	4	0.58	10	30

表2.9 不同打孔率闭孔泡沫铝参数（b组）

试样	气孔率/%	厚度/mm	平均孔径/mm	孔壁厚度/mm	打孔率/%
1	88.1	10	11	0.42	0
2	88.1	10	11	0.42	0.5
3	88.1	10	11	0.42	1
4	88.1	10	11	0.42	1.5
5	88.1	10	11	0.42	2
6	88.1	10	11	0.42	2.5
7	88.1	10	11	0.42	3
8	88.1	10	11	0.42	3.5
9	88.1	10	11	0.42	4

图2.19所示为不同打孔率对应吸声系数的曲线，其中图2.19（a）为a组实验测量结果，图2.19（b）为b组实验测量结果；a、b两组测试的吸声系数峰值、降噪系数、半峰宽和峰值中心频率分别列于表2.10和表2.11。

表2.10 不同打孔率闭孔泡沫铝材料吸声系数表征（a组）

试样	1	2	3
吸声系数峰值	0.51	0.52	0.49
降噪系数	0.24	0.24	0.22
半峰宽/Hz	453	849	>1233
峰值中心频率/Hz	630	1000	1200、1600

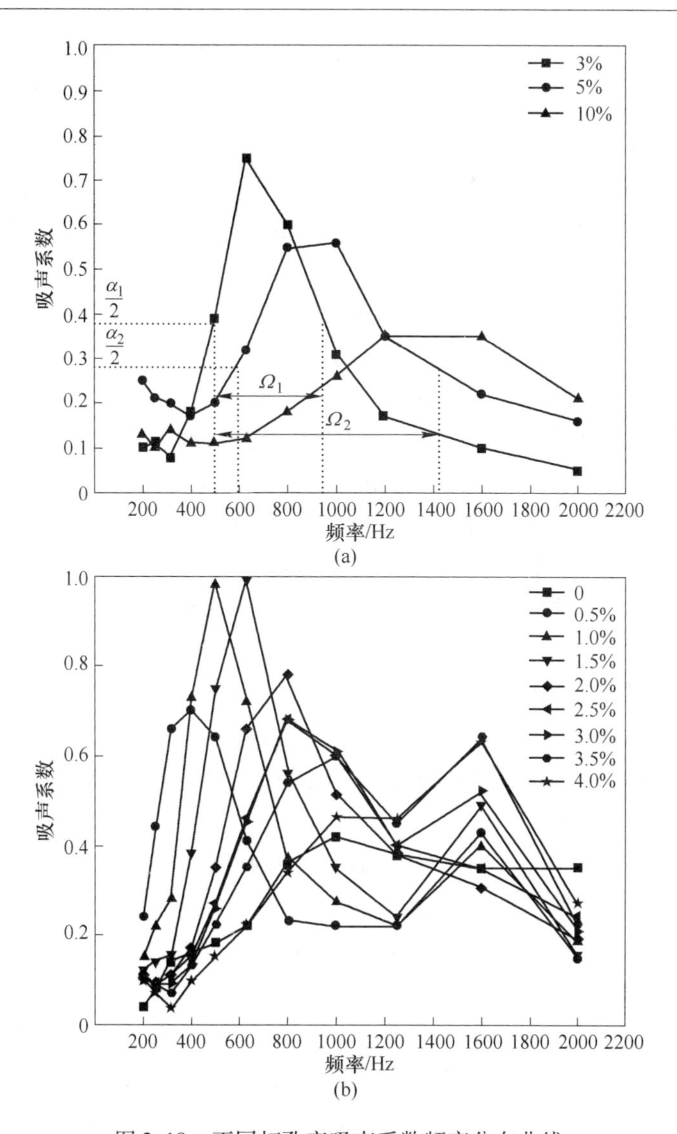

图 2.19 不同打孔率吸声系数频率分布曲线

表 2.11 不同打孔率闭孔泡沫铝材料吸声系数表征（b 组）

试样	1	2	3	4	5	6	7	8	9
吸声系数峰值	0.42	0.64	0.985	0.994	0.78	0.68	0.68	0.6	0.47
降噪系数	0.26	0.36	0.42	0.35	0.29	0.3	0.3	0.28	0.24
半峰宽/Hz	>1435	404	399	430	739	1100	1315	1345	1283
吸收峰中心频率/Hz	1000	315	500	630	800	800	800	1000	1600

由图2.19（a）和表2.10可见，随着打孔率的增加，吸声峰值向高频偏移，最高吸声系数值逐渐下降，且下降很快；降噪系数值变化不大，但仍是低打孔率略好；半峰宽值有很大增加，但由于峰高已经很低，半峰宽值增加的意义不大。因此，通过打孔率调节吸声峰值，将材料用于不同频率分布的噪声虽然是一个较好的应用方向，但应结合改变孔隙率、厚度及其他条件，不能单纯增加打孔率，过高的打孔率不利于吸声。

由图2.19（b）和表2.11可见，打孔之后吸声系数比未打孔时大为提高，不仅峰值升高，整体吸声系数亦好于未打孔时。观察不同打孔率的吸声情况变化可以看出，随打孔率的升高吸声峰值先增大后减小、由低频向高频偏移，吸声峰值除第一峰值外，在高频还出现第二吸收峰。打孔率较高后第一吸收峰峰值下降，第二吸收峰峰值甚至超过第一吸收峰，打孔4%的试样第一吸收峰已经不明显，第二吸收峰成为它主要的吸声峰值。打孔1%和1.5%的样件吸声峰值最高，接近1.0，峰值出现在中频。其第一吸收峰对应材料的共振频率，是吸声系数最大的位置，第二吸收峰峰值介于第一吸收峰波峰与波谷之间，这一特点符合多孔材料吸声特性，即吸声系数随频率增加呈周期性变化。由图2.19（b）可见，几种不同打孔率的闭孔泡沫铝第二吸收峰均出现在1600Hz左右。打孔之后的闭孔泡沫铝材料因为兼具几种吸声作用机理，其吸声系数比未打孔时大大提高，但打孔率也会影响峰值的移动，不同打孔率的吸声峰值出现在不同的频率段。

由表2.10和表2.11可见，吸声峰值较高的试样其降噪系数也高于其他，在整个频段内的吸声系数值都相对较高；过高的打孔率导致吸声峰值和整体吸声系数的降低，b组再次验证了a组的结论；半峰宽值随打孔率升高，较高的半峰宽值对该峰宽频率内的噪声吸收良好，在吸声系数峰值降低不大的情况下，适用于降低在某频段具有较高声压级的噪声。但打孔率较高时，如图2.19（b）情况，几种打孔率吸声峰值均不低于0.6，同时还伴随有半峰宽值的升高，即吸声频段变宽，因此，一般情况下通过改变打孔率对不同频率分布的噪声进行吸收是可行的方法。

2.7.4　打孔孔径对吸声性能的影响

在研究打孔孔径对材料细声性能的影响时使用不同直径的钻头，取1.5mm、2.5mm、3mm、3.5mm四种型号，根据对孔排列方式的对比测试结果，选取正方形排列的孔排列方式进行不同孔径的打孔处理。

取气孔率为88.1%，厚度为10mm的样件，取不同直径钻头分别进行打孔，测试时背后加30mm空腔。打孔率均取为2%，孔排列方式为正方形排列，根据式（2.10），计算孔心距，具体参数列于表2.12。

表 2.12 打孔后不同孔径闭孔泡沫铝参数

试样	1	2	3	4
气孔率/%	88.1	88.1	88.1	88.1
厚度/mm	10	10	10	10
打孔率/%	2	2	2	2
打孔孔径/mm	1.5	2.5	3	3.5
孔心距/mm	9	16	19	22

图 2.20 所示为该组打孔直径对应的吸声系数曲线，表 2.13 为该组打孔直径对应的吸声峰值、降噪系数、半峰宽值及峰值中心频率。由图 2.20 及表 2.13 可见，打孔率相同吸声峰值大小基本相同，但随打孔直径增大有向低频迁移的趋势。吸声峰值出现的位置决定于测试样件的共振频率，由穿孔板的共振频率计算公式（2.11）可知，当保持其他物理量不变时，共振频率与打孔孔径成反比。这也就是随打孔孔径增大吸声峰值向低频迁移的原因。打孔孔径 1.5mm 的吸声曲线吸声峰值明显降低，整体吸声系数也不高，主要是因为打孔个数较多，气流与材料接触的面积增大，使得空气流阻增大，过高的流阻导致了吸声系数的降低。

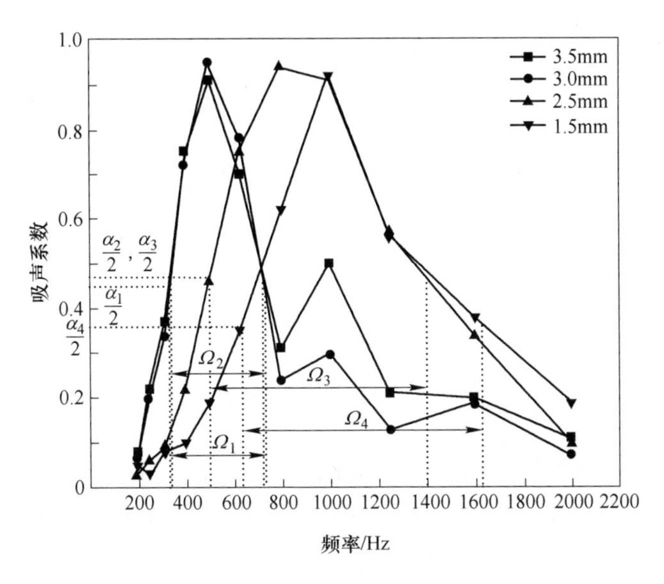

图 2.20 不同打孔直径对应吸声系数 - 频率曲线

表 2.13 打孔后不同孔径闭孔泡沫铝吸声系数表征

试样	1	2	3	4
吸声峰值	0.91	0.95	0.94	0.73
降噪系数	0.29	0.38	0.38	0.44
半峰宽值/Hz	989	903	382	397
峰值中心频率/Hz	500	500	800	1000

由表 2.13 可见，降噪系数随打孔率增大呈依次增大的趋势，孔径 3.5mm 的样件虽然吸声峰值低于孔径为 2.5mm 和 3mm 的样件，但降噪系数值高于两者，说明在整个频段范围内该孔径的试样还是具有一定的吸声优势。孔径为 1.5mm 和 2.5mm 的试样半峰宽值较高，而孔径为 3.5mm 和 4mm 的试样明显较低，四组试样相差较大，尤其本身吸声峰值和降噪系数均不高的孔径为 1.5mm 的试样反倒具有最高的半峰宽值，而高半峰宽值说明吸声覆盖的频段较宽，该试样半峰高为 0.365，其他打孔孔径的均在 4.5 以上，相对来看该试样优势不明显，但仍具有应用价值。总的来看，孔径为 2.5mm 的试样各项指标均最好，是比较理想的打孔孔径取值。但主要的吸声频率集中在半峰宽覆盖的频率段，不同的打孔孔径可使吸声峰值和主频段发生移动，但会导致峰值降低和频带变窄的问题，整体吸声效果降低。

2.7.5 打孔泡沫铝吸声机理

对闭孔泡沫铝进行打孔后，在背后添加空腔，形成打孔后的孔内壁结构如图 2.21(a) 所示，形成的打孔后的共振吸声结构如图 2.21(b) 所示。对闭孔泡沫铝板所打的孔与背后空气层组成了亥姆霍兹共振器。在板上均匀打孔后，就相当于形成了一系列的并联的亥姆霍兹共振结构，整个可看做是由质量和弹簧组成的一个共振系统。当有声波作用于管口时，由于短管的线度远小于波长，所以短管中的各部分空气都同属于波长 λ 的一个很小的区域，可以认为它们具有相同的振动情况，可以形象地把短管内的空气比喻为一个“活塞”做整体振动，与短管壁发生摩擦，消耗声能。当入射声波的频率和系统的共振频率一致时，穿孔板颈的空气产生激烈振动摩擦，加强了吸收效应，形成吸收峰，使声能显著衰减；远离共振频率时则可能吸收作用较小。

亥姆霍兹共振器的吸声特性曲线如图 2.22 所示。由图 2.22 与图 2.21 对比可看出，打孔闭孔泡沫铝的吸声特性曲线与亥姆霍兹共振器的吸声曲线有相似之处。

至于腔体内的空气，当短管的空气柱向腔内方向运动引起腔内质量增加时，

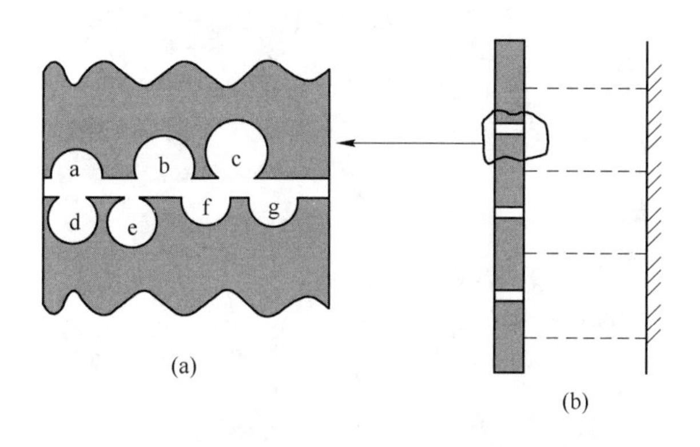

图 2.21 打孔闭孔泡沫铝共振吸声结构及通孔内壁结构

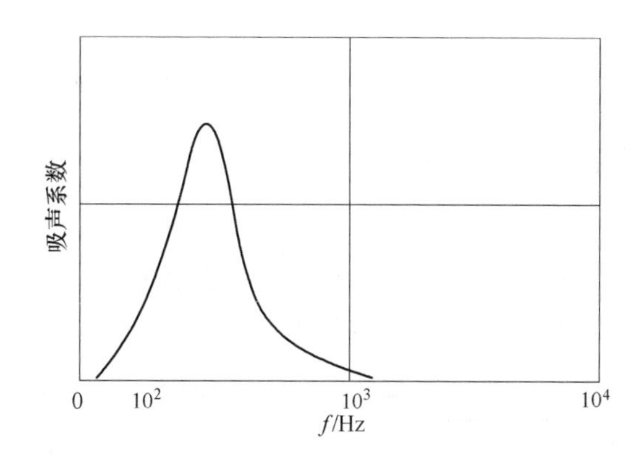

图 2.22 亥姆霍兹共振器吸声特征曲线

由于腔壁是刚性的，腔内的空气无路可走，结果形成压缩，腔内压强增加，引起腔内空气振动，聚集声能。然而闭孔泡沫铝泡孔内表面（见图 2.23）比较粗糙，本身阻尼较大，并不适于储藏声能，腔内声波受曲折的泡壁阻挡发生多次反射和折射，引起介质与泡沫铝粗糙壁膜表面摩擦使声能转变成热能耗散。

由于闭孔泡沫铝内部的特殊泡孔结构，因此在打孔后，通孔的内壁并非光滑面，而是在侧面形成许多小洞，如图 2.21(a) 所示。打孔穿过泡孔的位置不同，形成的小洞深度、形状也不同。打孔穿过后的泡孔形成的小洞形状如图 2.21(a) 中 a、b、c、d、e、f、g 所示。小洞的存在增加了通孔内壁的迂曲度，泡孔内壁本身的粗糙结构增大了结构因子，使空气分子的弛豫效应增强，从而提高吸声系数，而状如 e 的小洞可形成单个亥姆霍兹共振器，进一步增大其共振频率下的吸声系数。

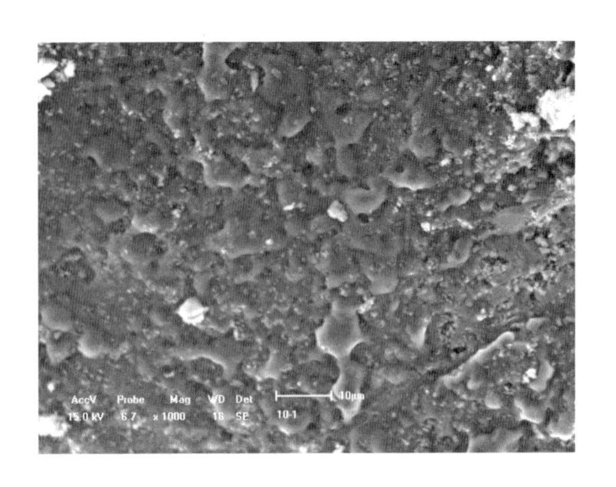

图 2.23　闭孔泡沫铝内表面

2.8　打孔闭孔泡沫铝板后置空腔对吸声性能的影响

2.8.1　空腔厚度对吸声系数的影响

取气孔率为 88.1% 的闭孔泡沫铝，切割出厚度为 10mm 和直径 99mm 的两组试样。以 2mm 钻头打孔，孔按正方形排列，打孔率 1.5%，根据式（2.14）计算孔心距。打孔闭孔泡沫铝的具体参数列于表 2.14。

表 2.14　打孔后不同背后空腔深度闭孔泡沫铝参数

试样	气孔率/%	厚度/mm	打孔率/%	打孔孔径/mm	背后空腔深度/mm
1	88.1	10	1.5	2	5
2	88.1	10	1.5	2	10
3	88.1	10	1.5	2	30

打孔后闭孔泡沫铝不同背后空腔深度吸声系数曲线如图 2.24 所示，吸声峰值、半峰宽、降噪系数和峰值中心频率列于表 2.15。

表 2.15　打孔闭孔泡沫铝不同背后空腔深度吸声系数表征

试　样	1	2	3
吸声系数峰值	0.92	0.973	0.994
降噪系数	0.23	0.34	0.35
半峰宽值/Hz	846	833	466
吸收峰中心频率/Hz	1250	1000	630

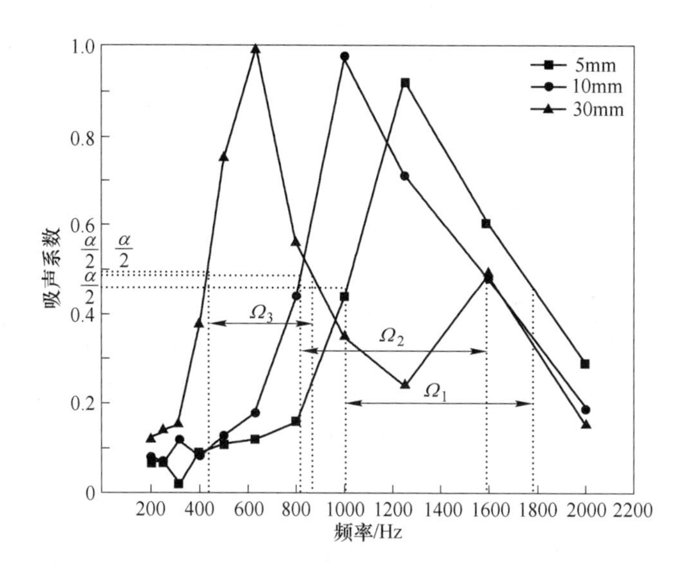

图 2.24 不同背后空腔深度吸声系数频率分布

由图 2.24 和表 2.15 可见，随着背后空腔深度的增加吸声系数随之增加，同时吸声峰值向低频迁移，整体吸声系数峰值都很高。降噪系数是 1 号试样较低，主要是因为降噪系数的计算取四个频段的吸声系数值，四个频段均未出现 1 号的峰值，导致整体计算结果低于另外两个试样。但观察图 2.24 可发现，1 号的峰高和峰形都与 2 号相似，因此，虽然降噪系数较低，整体吸声效果并不低。半峰宽值对于 1 号和 2 号试样较高，3 号试样较低，但观察图不难发现，3 号试样存在第二吸收峰，第二吸收峰对吸声效果的加强作用可以抵消半峰宽值低的不利影响。综合考量降噪系数和半峰宽值，三个试样吸声效果总体相差不大，空腔厚度的变化主要是改变了吸声峰值出现的位置。

根据之前的研究表明，背后空腔深度的变化可带来吸声峰值的移动，且比较容易实现。因此，在实际工程应用中，可通过改变背后空腔深度来改变吸声峰出现的位置，达到降噪所需效果。

2.8.2 打孔闭孔泡沫铝板后置空腔吸声机理

对于迁移的原因可以有两种解释：一是对于多孔材料，背后空腔深度的增加等同于材料本身厚度的增加，由于厚度增加导致吸声峰值向低频偏移，故出现如图 2.24 所示迁移趋势；第二种解释是基于穿孔吸声结构的特性，根据穿孔吸声结构的共振频率公式（2.15），受到声速、穿孔率、背后空腔深度和穿孔有效长度的影响，前两个条件在该实验中都固定不变，频率随背后空腔深度和穿孔有效长度增加而减小，穿孔有效长度也受背后空腔的影响，随背后空腔深度增加而增加。因此，共振频率与背后空腔深度成反比，吸声峰值出现随背后空腔深度增加向低频迁移的趋势。打孔闭孔泡沫铝吸声结构兼具多孔吸声与共振吸声的吸声机理，因此需用两种理论解释其随空腔深度变化的吸声系数变化曲线，两种作用中，共振频率的变化应是主要的。

综上所述：

（1）闭孔泡沫铝的吸声系数随频率升高先增大后减小，形成吸声系数的峰值。其吸声机理主要为表面漫反射后形成的干涉消声、结构缺陷微孔和裂纹造成的黏滞阻力、内摩擦作用和形成亥姆霍兹共振结构。对闭孔泡沫铝进行打孔后，主要是使通孔与背腔形成一系列亥姆霍兹共振结构，通孔内部形成一部分亥姆霍兹共振结构，基于亥姆霍兹共振器原理吸声，在通孔内部迂曲度的增加，增强了分子弛豫效应，从而耗散声能。

（2）孔隙率的变化主要影响吸声系数的大小，不影响吸声峰值出现的频段。吸声系数随孔隙率的增大而增大，吸声系数峰值的增大更为明显，吸声主频段未发生变化；厚度的改变主要是使吸声系数的峰值出现的频段发生了变化。随闭孔泡沫铝厚度的增加，低频区吸声系数有所增加，高频区吸声系数有所下降，吸声系数峰值由高频向低频迁移。吸声系数峰值随着厚度的增加先增大后减小，但大小变化不大，降噪系数值的大小变化也不大；孔隙率相当，孔径大的闭孔泡沫铝吸声系数要比孔径小的闭孔泡沫铝吸声系数大得多，吸声系数峰值的增加更明显，但由于缺陷结构增加力学性能降低，导致应用受限。

（3）打孔之后的闭孔泡沫铝材料因为兼具几种吸声作用机理，其吸声系数比未打孔时大大提高，随着打孔率的升高，吸收峰由低频向高频迁移，吸声系数的峰值逐渐减小，半峰宽值逐渐增大，吸声主频段变宽，但过高的打孔率会导致吸声系数峰值的急剧降低，不利于吸声。

（4）具有相同打孔率的闭孔泡沫铝试样随打孔孔径增大，吸收峰由低频向高频迁移。太小的打孔孔径会导致吸声峰值的下降，太大的打孔孔径会使峰宽变窄，都不利于吸声，综合来看，2.5mm 左右的打孔孔径比较理想。

（5）背后空腔深度的变化引起吸收峰的变化，随背后空腔深度的增加吸收峰由高频向低频迁移，吸声峰值的大小未见明显变化，这主要基于背后空腔深度的类厚度效应和共振频率随与背后空腔深度成反比的规律。

（6）对闭孔泡沫铝进行打孔后的孔排列方式的不同对于吸声效果并无太大的影响，吸声系数峰值非常接近，吸声曲线形状基本一致，吸声峰值出现的位置也基本一致，降噪系数、半峰宽值、吸声峰值均未受到孔排列方式的影响。在实际应用中，可根据需要和所具备的条件对打孔方式任选其一。

3 组合材料的吸声性能及吸声机理

3.1 组合吸声结构的吸声性能

组合吸声效果的研究共进行了三组实验比较，第一组单测打孔闭孔泡沫铝试样的吸声系数；第二组将不同结构的打孔闭孔泡沫铝试样进行组合，测试组合结构的吸声系数；第三组首先单测打孔铝板的吸声系数，再将打孔铝板与闭孔泡沫铝进行组合测量吸声系数；第四组将不同结构的打孔闭孔泡沫铝结构与玻璃棉组合，测试组合结构的吸声系数。

3.1.1 单层闭孔泡沫铝吸声结构

第一组为未进行组合时的打孔闭孔泡沫铝试样，该组试样取相同的打孔率2%，相同的背后空腔深度30mm，其他具体结构参数在表3.1中列出。

表3.1 打孔闭孔泡沫铝板组合前试样参数

试样	1	2	3	4
气孔率/%	88.1	88.1	90.7	88.1
厚度/mm	10	10	15	15
打孔率/%	2	2	2	2
打孔孔径/mm	2	2	1.5、2.5	2
背后空腔深度/mm	30	30	30	30
孔心距/mm	12.5	12.5	12.5	12.5

第一组测试的吸声系数值对应频率分布图如图3.1所示。该组试样的吸声峰值、降噪系数、半峰宽值、峰值中心频率列于表3.2。

表3.2 打孔闭孔泡沫铝不同结构吸声系数表征

试样	1	2	3	4
吸声峰值	0.95	0.94	0.93	0.91
降噪系数	0.38	0.38	0.45	0.44
半峰宽值/Hz	378	949	400	397
吸收峰中心频率/Hz	500	800	500	500

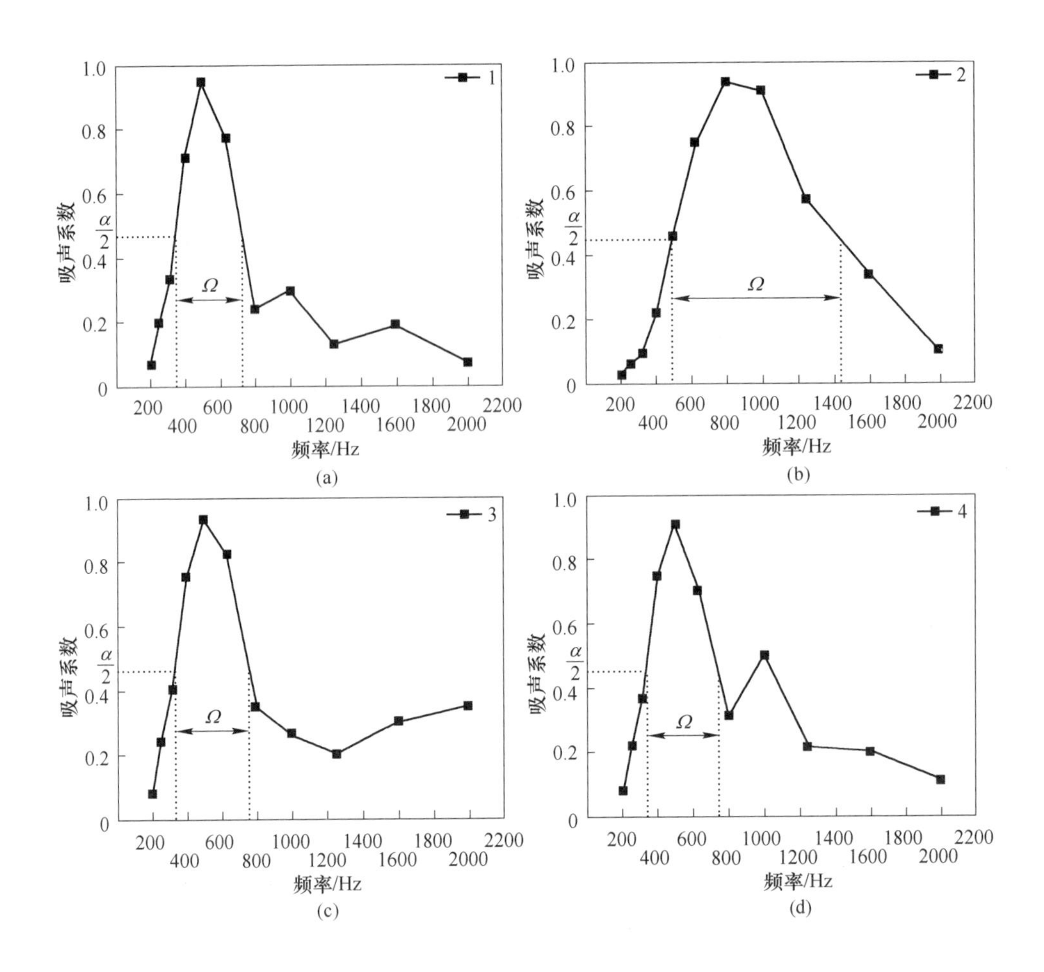

图 3.1　组合前吸声系数 1/3 倍频程分布曲线

由图 3.1 及表 3.2 可见，这组试样吸声峰值相差不大，3 号、4 号试样的降噪系数值高于 1 号、2 号，半峰宽值则是 2 号试样的远远高于另外三个，综合看来，2 号试样的半峰宽覆盖的频段更宽，更具实际应用价值。因为要对试样进行组合，组合的原则即为选择峰值中心频率不同的试样进行组合，以期得到更大的半峰宽值或更多的吸声系数峰值较大的吸收峰。

3.1.2　双层闭孔泡沫铝板复合结构

从表 3.2 中可以看出，除 2 号试样外其他三个试样的吸声系数峰值中心频率均在 500Hz，因此，将 2 号试样与其他三个分别组合，组合之后再次进行吸声系数的测量。

几组试样的组合方式为串联，即一前一后（写作“前+后”的形式），试样之间加30mm空腔、试样与后壁间加30mm空腔。组合之后吸声结构的形式如图3.2所示。

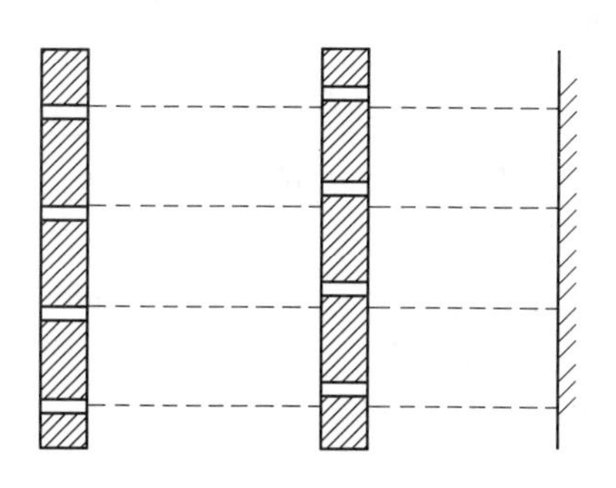

图3.2　组合吸声结构示意图

组合结构的吸声系数测试结果如图3.3所示，其吸声峰值、降噪系数、半峰宽值列于表3.3。

表3.3　打孔闭孔泡沫铝组合结构吸声系数表征

试样	1+2	3+2	2+1	4+2
吸声峰值	0.97、0.993	0.92、0.8	0.92、0.42	0.98、0.93
降噪系数	0.67	0.59	0.45	0.45
半峰宽值/Hz	1234	940	403	737
吸收峰中心频率/Hz	400、1000	315、800	315、1250	400、800

由图3.3和表3.3可见，几组测试结果均出现双峰图像，且吸声系数峰值有所提高，尤其是1+2的组合，两个峰值一个为0.97，一个高达0.993，峰宽大大增加，降噪系数也高达0.67，说明整个频段内吸声系数值均较高。两个试样单测时均有自己的共振频率，吸声峰值出现在共振频率处，组合之后在各自的共振频率处出现峰值，但彼此之间有一定的影响，因此峰值不严格出现在单测时的共振频率位置，而吸声峰值本身也有所提高。对比1+2和2+1的两个组合，可以看出，虽然是相同的两个试样，但前后位置不同时测试结果大不相同。1+2的组合各项性能均有较大提高，而2+1的组合就差得多，连第二峰也不明显。因此，测试时将单测峰值在低频的试样置于前，峰值在高频的试样置于后，是有利于吸声的组合形式。

对于打孔闭孔泡沫铝不同结构的组合吸声，测试的试样有限，不能确定最有

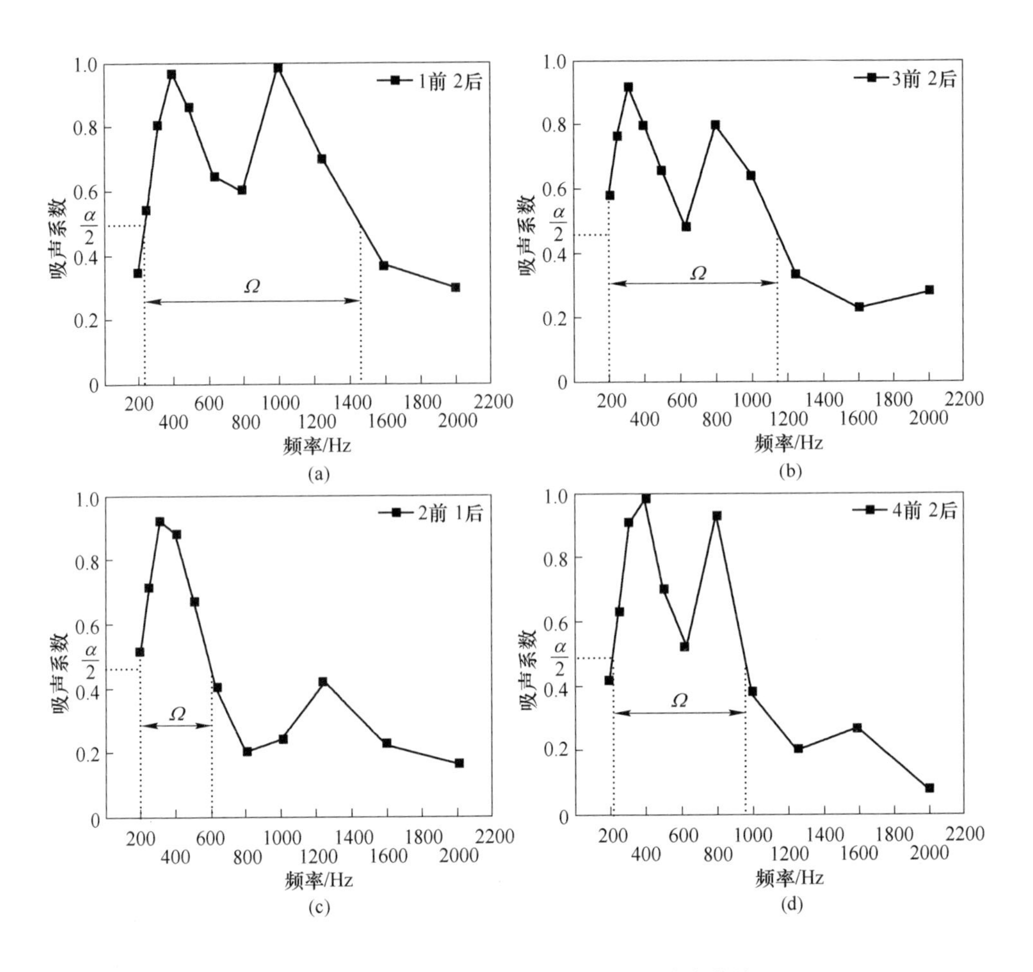

图 3.3　组合后吸声系数 - 1/3 倍频程分布曲线

利于吸声的各项参数，但初步的测试显示出了一定的规律，也说明组合结构对吸声系数的提高和主吸声频段范围的扩大都是很有利的。因此，在工程设计中采用串联组合的打孔闭孔泡沫铝板，可以得到更佳的吸声效果。

3.1.3　闭孔泡沫铝板与打孔铝板复合结构

将 1mm 的铝板按照一定打孔率打孔，打孔后，进行吸声系数的测试，铝板参数列于表 3.4。

所测试的不同打孔率铝板吸声系数 1/3 倍频程频率分布曲线如图 3.4 所示，吸声峰值、降噪系数和吸收峰中心频率列于表 3.5。由图 3.4 可以看出，随频率升高吸声系数逐渐增大，到达峰值后又随频率逐渐降低；随打孔率的升高吸声系数的峰值逐渐向高频迁移。由表 3.5 可见，吸声系数的峰值差别不大，但均不高，在0.45左右，整体比较吸声效果，随打孔率升高，吸声系数整体有所提高，但提高幅度不大。

表3.4 闭孔泡沫铝板及铝板参数

试样	1（铝板）	2（铝板）	3（铝板）	4（泡沫铝板）
气孔率/%	—	—	—	90.7
厚度/mm	5	5	5	15
打孔率/%	3	2	1	2
打孔孔径/mm	2	2	2	1.5、2.5
背后空腔深度/mm	20	20	20	30
孔心距/mm	10.2	12.5	17.7	12.5

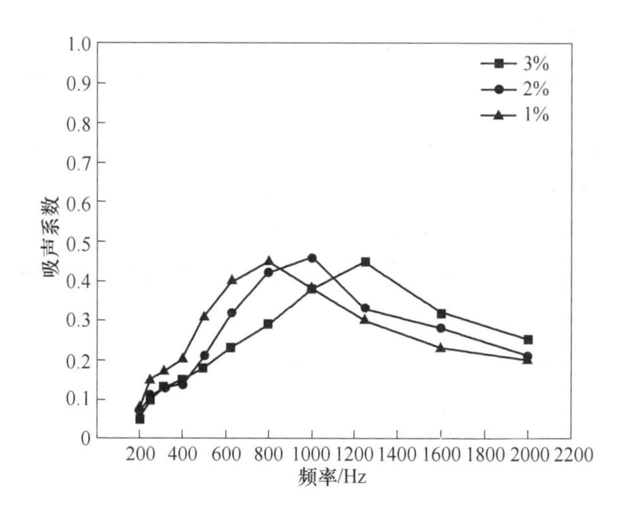

图3.4 不同打孔率铝板吸声系数1/3倍频程频率分布曲线

表3.5 不同打孔率铝板吸声系数表征

打孔率	3%	2%	1%
吸声系数峰值	0.45	0.46	0.45
降噪系数	0.23	0.25	0.26
吸收峰中心频率/Hz	1250	1000	800

将所测的三种打孔率的铝板与闭孔泡沫铝板复合，铝板在前，闭孔泡沫铝板

在后，铝板与闭孔泡沫铝板间加 20mm 空腔，闭孔泡沫铝板与背后刚性壁间加 30mm 空腔，因铝板测试结果中其吸声系数的峰值中心频率均在高频，所以选用闭孔泡沫铝板峰值中心频率在低频时与铝板复合，即为 3.5.1 试验中的 3 号试样，具体参数列于表 3.6。

表 3.6　闭孔泡沫铝板及铝板参数（1）

试样	1（铝板）	2（铝板）	3（铝板）	4（泡沫铝板）
气孔率/%	—	—	—	90.7
厚度/mm	5	5	5	15
打孔率/%	3	2	1	2
打孔孔径/mm	2	2	2	1.5、2.5
背后空腔深度/mm	20	20	20	30
孔心距/mm	10.2	12.5	17.7	12.5

测试结果绘制成吸声系数 1/3 倍频程频率分布曲线，吸声系数峰值、降噪系数及吸收峰中心频率列于表 3.7。由图 3.5 及表 3.7 可见，三条曲线均出现双峰，第一峰峰值较大，峰宽较窄，对应于打孔泡沫铝板；第二峰峰值较小，峰宽较大，对应于打孔铝板。低频吸声系数较未复合时大大提高，整体吸声系数都有所提高；吸收峰的中心频率相对于单测时发生了移动。

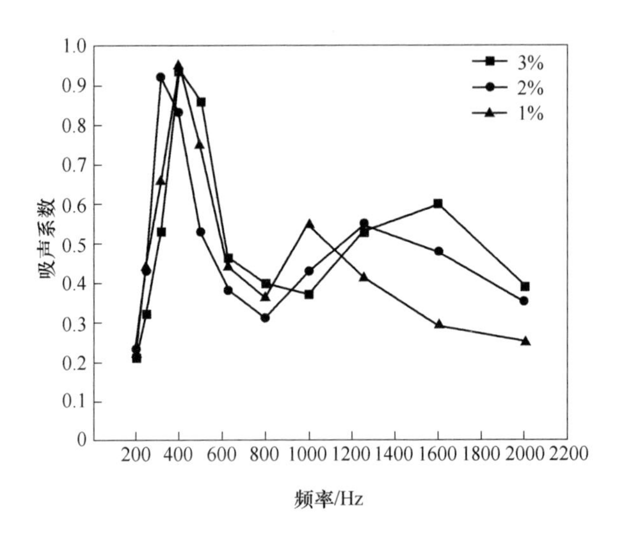

图 3.5　铝板与泡沫铝板复合吸声系数 1/3 倍频程频率分布曲线（1）

表 3.7　不同打孔率铝板吸声系数表征

打孔率	1%	2%	3%
吸声系数峰值	0.94、0.6	0.92、0.55	0.95、0.55
降噪系数	0.49	0.44	0.5
吸收峰中心频率/Hz	400、1600	315、1250	400、1000

为了提高泡沫铝板表面光洁度，便于灰尘清理，在灰尘较多场所使用时，在泡沫铝吸声板表面复合1mm厚铝板。将1mm的铝板按照一定打孔率打孔，打孔后，进行吸声系数的测试，铝板参数列于表3.8。

表 3.8　闭孔泡沫铝板及铝板参数（2）

试样	1（泡沫铝板）	2（铝板）	3（铝板）	4（铝板）	5（铝板）	6（铝板）
气孔率/%	90.7	—	—	—	—	—
厚度/mm	10	1	1	1	1	1
打孔率/%	2	3	5	10	15	20
打孔孔径/mm	2	2	2	2	2	2

将所测的五种打孔率的铝板与闭孔泡沫铝板复合，铝板在前，闭孔泡沫铝板在后，铝板紧贴闭孔泡沫铝板，闭孔泡沫铝板与背后刚性壁间加30mm空腔。

将测试结果绘制成吸声系数1/3倍频程频率分布曲线，如图3.6所示。由图3.6可见，复合之后整个结构的吸声系数较未加铝板前有所降低，添加铝板之后，随打孔率的升高整体吸声系数逐渐升高，铝板对吸声峰值出现的位置影响不大，即加铝板的复合结构不改变吸声主频段。

无论是打孔之后的闭孔泡沫铝板间复合还是闭孔泡沫铝板与铝板复合，两层板间均置空腔的双层共振式的复合结构对吸声是非常有益的，吸声系数整体得到提高，尤其低频提高很多，吸声系数的峰值也都升高，明显的双峰现象使主吸声频段变宽。但相对来说，使用两层打孔闭孔泡沫铝板复合结构要比打孔闭孔泡沫铝板与打孔铝板复合的结构吸声效果更好，因此，在实际使用中，选取合适的打孔闭孔泡沫铝板复合结构更容易达到比较理想的吸声效果。而铝板加于打孔泡沫铝表面，二者之间不加空腔，会导致吸声系数的降低。分析这种结构导致吸声系数降低的原因，主要是铝板反射作用强，加铝板之后泡沫铝本身的打孔部分被覆盖，影响声波的进入，反射增强，导致吸声系数降低。而随着铝板打孔率的升高，泡沫铝所打的孔被覆盖的减少，使吸声系数又有一定的回升。加铝板的形式可以考虑用于工程，但铝板需要较高的打孔率以减小对泡沫铝吸声的影响。

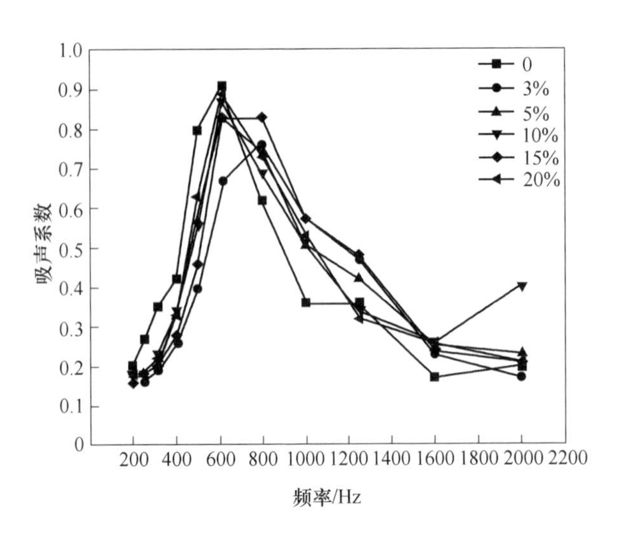

图 3.6　铝板与泡沫铝板复合吸声系数 1/3 倍频程频率分布曲线（2）

3.1.4　闭孔泡沫铝板与玻璃棉复合结构

将打孔闭孔泡沫铝板与玻璃棉进行组合，所选闭孔泡沫铝气孔率为 88.1%，厚度 10mm，打孔率 2%，孔径 3.5mm，孔排列方式为正三角形。首先测试未加玻璃棉时的吸声系数，然后在泡沫铝板背后加 10mm、20mm、30mm、40mm 的玻璃棉，玻璃棉紧贴闭孔泡沫铝板放置，分别测量吸声系数。组合吸声结构的具体参数见表 3.9。

表 3.9　背后添加不同厚度玻璃棉的打孔闭孔泡沫铝板参数

试样	1	2	3	4	5
气孔率/%	88.1	88.1	88.1	88.1	88.1
厚度/mm	10	10	10	10	10
打孔率/%	2	2	2	2	2
打孔孔径/mm	3.5	3.5	3.5	3.5	3.5
玻璃棉厚度/mm	0	10	20	30	40
孔心距/mm	22	22	22	22	22

打孔闭孔泡沫铝板背后加不同厚度玻璃棉的吸声系数如图 3.7 所示，吸声峰值、降噪系数、半峰宽值列于表 3.10。

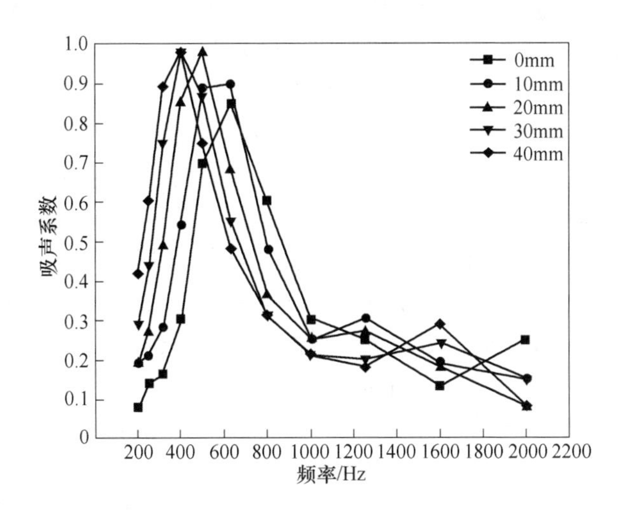

图 3.7 打孔闭孔泡沫铝与不同厚度玻璃棉组合吸声系数 1/3 倍频程频率分布图

表 3.10 打孔闭孔泡沫铝与玻璃棉组合吸声结构吸声系数表征

试样	1	2	3	4	5
吸声系数峰值	0.85	0.90	0.98	0.98	0.98
降噪系数	0.35	0.38	0.4	0.42	0.41
半峰宽值/Hz	490	457	415	415	412
吸收峰中心频率/Hz	630	630	500	400	400

由图 3.7 及表 3.10 可见，吸声峰值与降噪系数随玻璃棉厚度增加均逐渐增大，半峰宽值随玻璃棉厚度增加而减小，但变化值不大。从图 3.7 可以看出，在该组测试中，随所加玻璃棉厚度的增加，吸声峰有向低频迁移的趋势，峰值逐渐增大，低频吸声系数整体都得到提高。整个吸声系数的变化都是在原打孔闭孔泡沫铝板的基础上发生的，相当于提高了原板的吸声性能，但如果考虑实用性，因玻璃棉存在环境污染问题，而该种组合吸声性能的优势不够大，不足以弥补这一缺点。因此，吸声峰值在不同频段的组合用于吸声更具有应用前景。

3.1.5 组合结构吸声机理

声波在多层复合结构中传播，当声波通过第一层材料到达第二层材料时，由于两层材料的密度和开孔率的不同，形成一个分层界面，部分声能会产生折射，回到第一层材料，加大了声能的损耗，能够提高其在中高频的吸声性能。复合结构声波的入射面为闭孔泡沫表面，由于中低频声声压级较强，在中低频段声波透过的声能较多，从而被第二层再次吸收，而高频声声压级较弱，透过闭孔泡沫的声能较少，所以复合后中高频吸声性能变化不明显。

带有空气层的双层吸声结构吸声特性是其结构中两个单层吸声结构吸声特性互相耦合的结果，第一共振频率主要取决于吸声结构总厚度和第一层材料流阻率。与带空气层的单层吸声结构相比，双层吸声结构可加宽吸声频带，且适当调整两层材料流阻率及空气层厚度，能使吸声结构在较宽的频率范围内具有良好的吸声性能。当两层材料流阻率较小时，其总声阻率相对较小，材料吸收性能较弱，共振吸声系数较小，当增加第二层材料的流阻率时，总声阻率增加，增强了材料的吸收能力，共振吸声系数增大，提高了吸声结构的整体吸声性能。

对于打孔闭孔泡沫铝板与玻璃棉复合的结构，相当于在共振结构中共振吸声板背后添加了多孔吸声材料。当打孔板后空气层填入疏松吸声材料时，空腔内的声质量和声顺都增加，打孔的末端阻抗也增加，即相当于空腔的有效深度增大，打孔的有效长度也增加，与未填材料时相比，共振频率向低频方向移动，移动量通常在一个倍频程以内，同时吸声系数有所提高。

3.2 闭孔泡沫铝吸声板表面覆盖软质吸声布吸声性能

3.2.1 覆盖软质吸声布前、后吸声系数对比

由于泡沫铝吸声板表面遍布坑状半孔，为了提高泡沫铝吸声板表面美观度，在建筑内制作吸声吊顶和侧壁时，在其表面覆盖软质纤维布。选取孔隙率90.7%，厚度10mm的闭孔泡沫铝试样，对其进行打孔，打孔率为2%，表面覆盖1mm厚的软质纤维吸声布，背后加不同厚度的空腔测量覆盖吸声布对闭孔泡沫铝吸声系数的影响。试样具体参数列于表3.11。

表3.11 表面覆盖软质吸声布闭孔泡沫铝参数

试样	1	2	3	4
气孔率/%	90.7	90.7	90.7	90.7
泡沫铝厚度/mm	10	10	10	10
打孔率/%	2	2	2	2
打孔孔径/mm	2	2	2	2
背后空腔深度/mm	20	20	40	60
吸声布厚度/mm	无	1	1	1

不同打孔率的闭孔泡沫铝表面覆盖软质吸声布前后吸声系数对应频率分布曲线如图3.8所示。由图3.8可见，覆盖软质吸声布后，打孔闭孔泡沫铝的吸声系

数得到提高，高频吸声系数增加明显，随空腔深度的增加，吸声系数峰值向低频迁移，这与未加吸声布时吸声系数的变化规律一致，吸声系数峰值增大，峰形未见明显变化。

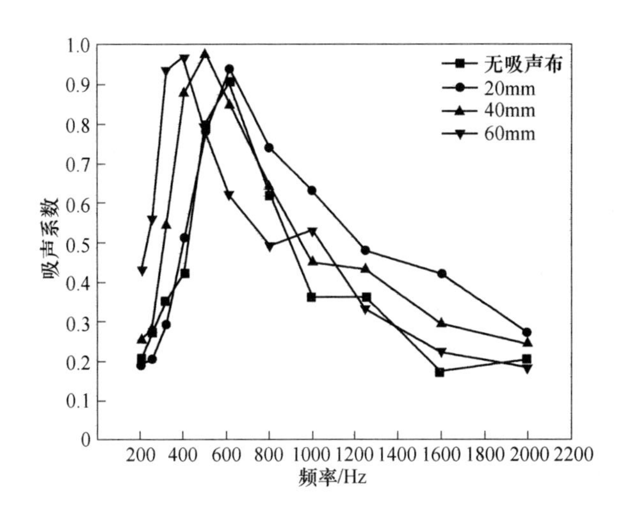

图 3.8 不同空腔厚度复合结构吸声系数 1/3 倍频程频率分布曲线

3.2.2 吸声机理分析

打孔闭孔泡沫铝材料的吸声机理前一节已有讨论，主要相当于共振吸声结构，内部的微孔和裂纹起到一定阻性吸声的作用。

软质纤维布本身相当于多孔材料，其内部有大量的微孔和间隙，孔隙细小，气孔率高，孔隙在材料内均匀分布，在软质纤维布的内部筋络总表面积大。当声波入射到多孔材料表面时激发起微孔内的空气振动，空气与固体筋络间产生相对运动，由于空气的黏滞性，在微孔内产生相应的黏滞阻力，使振动空气的动能不断转化为热能，从而使声能衰减。在空气绝热压缩时，空气与孔壁间不断发生热交换，由于热传导的作用，也会使声能转化为热能。图 3.9 所示为多孔材料吸声系数对应频率变化曲线，由图 3.9 可见，多孔材料吸声曲线总的变化趋势是吸声系数随频率升高而增大，正如该实验中的测试，覆盖软质纤维布后，高频吸声系数的增加即为多孔材料吸声作用的结果。

综上所述：

（1）将打孔闭孔泡沫铝试样进行两两组合，组成双层共振结构后，吸声系数峰值、降噪系数、半峰宽都得到很大提高，且出现双峰现象，在较宽的频段范围内都可以得到很好的吸声效果。比较几种组合的效果，认为将吸收峰在低频的试样置于前端，吸收峰在高频的试样置于后端的组合方式更有利于提高吸声系

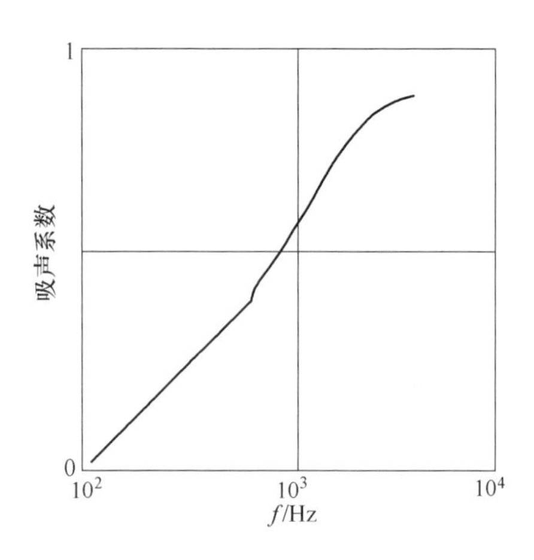

图 3.9　多孔性吸声材料吸声系数 - 频率变化曲线

数。在工程设计中采用串联组合的打孔闭孔泡沫铝板可以得到更佳的吸声效果。

（2）不同打孔率的闭孔泡沫铝无论打孔率大小，表面覆盖软质吸声布后其高频吸声系数得到提高，低频变化不大，吸声系数峰值及峰形均未受到软质吸声布的影响。在实际应用中，如需要表面装饰布或幕帘，可以直接覆盖于闭孔泡沫铝表面。

（3）将铝板与闭孔泡沫铝板复合，组成双层共振结构后，吸声系数曲线均出现双峰，第一峰峰值较大，峰宽较窄，对应于打孔泡沫铝板；第二峰峰值较小，峰宽较大，对应于打孔铝板。低频吸声系数较未复合时大大提高，整体吸声系数都有所提高，吸收峰的中心频率相对于单测时发生了移动；当铝板紧贴闭孔泡沫铝放置时，会导致吸声系数略有降低，但随铝板打孔率的升高整体吸声系数又逐渐升高，铝板对吸声峰值出现的位置影响不大，即加铝板的复合结构不改变吸声主频段。

（4）在打孔闭孔泡沫铝板后添加不同厚度的玻璃棉，进行吸声系数测试发现，吸声峰值与降噪系数随玻璃棉厚度增加均逐渐增大，半峰宽值随玻璃棉厚度增加而减小，但两者的变化幅度都不大。玻璃棉产生的主要影响是使吸收峰由高频向低频迁移，对于这一效果，通过厚度、背后空腔深度或打孔率的调整也可实现，玻璃棉本身的吸湿、吸潮及环境污染问题，使其实际应用受限，添加玻璃棉弊大于利，在产品设计中不建议使用这样的结构。

4 高速公路泡沫铝声屏障吸声结构

4.1 引言

中国城市人口密度很大，随着经济的日益发展，道路交通噪声尤其是高速公路的噪声污染问题越来越严重。声屏障作为防治道路交通噪声污染的有效设施，具有占地少、降噪效果明显、便于维护且维护费用较低等特点，是道路交通噪声污染防治的有效手段。目前中国声屏障建设大多数采用金属板、混凝土板或砌块、塑料板等材料，部分声屏障采用纤维类作为辅助降噪材料，不仅导致资源浪费，还可能造成新的环境污染。这些声屏障对中低频交通噪声降噪效果也不够理想[145-147]。本章依照高速公路噪声强度及频率分布特点，结合闭孔泡沫铝不同结构、形式吸声系数测试结果，设计以闭孔泡沫铝材料为主吸声结构的高速公路声屏障，并应用于实际，通过安装后进行的噪声测试，进一步对降噪效果加以评价。

4.2 噪声测试方法

4.2.1 声级计及其分类

声级计是一种按照一定的频率计权和时间计权测量声音的声压级和声级的仪器，它是声学测量中最常用的基本仪器。声级计一般由传声器、放大器、衰减器、计权滤波器、检波器、指示器及电源等部分组成。按照用途可分为一般声级计、脉冲声级计、积分声级计、噪声测量计、频谱声级计和噪声统计分析仪。按照准确度又可分为四种类型，适用范围见表4.1。

表4.1 声级计类型及用途

仪器类型	用 途
0型	作为标准声级计
1型	实验室用精密声级计
2型	一般用途的普通声级计
3型	噪声监测的普查型声级计

在本书实验中，测试的主要目的是取得噪声第一手实测材料。根据噪声

的声压级值和频率分布特点，设定目标降噪值，确定主要的降噪频段，从而选取满足条件的闭孔泡沫铝结构，制成降噪产品用于所需。在这一过程中，只有吸声材料的吸声系数峰值与噪声频谱中的峰值相对应，才能取得更好的降噪效果。因此，在噪声测试中，选择可以测量噪声频谱分析的仪器非常关键，基于这一要求，本文实验所选仪器需同时具备噪声统计分析和频谱分析功能。

4.2.2　噪声测量所选仪器

本书实验所使用的仪器为 AWA6270 + 噪声分析仪，仪器实物图如图 4.1 所示。此仪器具有噪声统计分析模块和频谱分析模块，频谱分析模块分为倍频程频谱分析和 1/3 倍频程频谱分析。在本书的实验中主要应用的为频谱分析模块的 1/3 倍频程频谱分析，该模块除可测得噪声的 1/3 倍频程频谱分析数据，还可同时

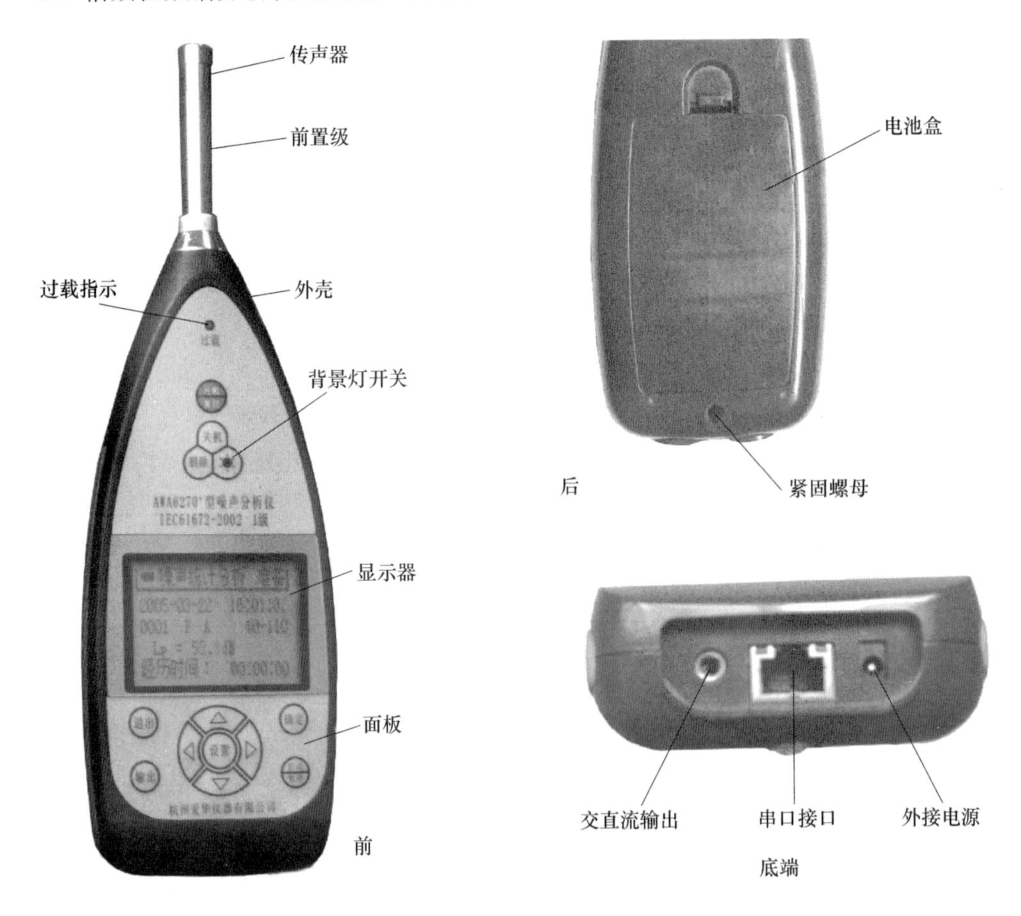

图 4.1　AWA6270 + 噪声分析仪

得到 A 计权声压级的噪声声压级值。1/3 倍频程滤波器中心频率（Hz）：20Hz、25Hz、31.5Hz、40Hz、50Hz、63Hz、80Hz、100Hz、125Hz、160Hz、200Hz、250Hz、315Hz、400Hz、500Hz、630Hz、800Hz、1000Hz、1250Hz、1600Hz、2000Hz、2500Hz、3150Hz、4000Hz、5000Hz、6300Hz、8000Hz、10000Hz、12500Hz、16000Hz。

仪器为 1 级声级计，满足最新国际标准及检定规程。符合标准：GB/T 3785 和 GB/T 17181 1 型，IEC 61672—2002 1 级。

4.2.3 测试原理

频谱分析利用了带通滤波器的原理，滤波器是只让一部分频率成分通过，其余部分频率衰减掉的仪器或电路。带通滤波器只允许一定频率范围内的信号通过，高于或低于这一频率范围的信号不能通过。图 4.2 中虚线画出了理想带通滤波器的幅度特性，在 f_1 至 f_2 频率范围内信号不衰减，f_2 以下及 f_1 以上频率范围信号全部被衰减到 0。f_1 和 f_2 分别称为滤波的下限截止频率和上限截止频率。但实际滤波器在通带内不可能没有衰减，在阻带内亦不可能衰减到 0；图 4.2 亦画出了实际滤波器的幅频特性，一般实际滤波器的幅频特性降低到 0.707 处为其通带范围，即在截止频率 f_1 和 f_2 处幅度衰减到 0.707，即所谓半功率点。

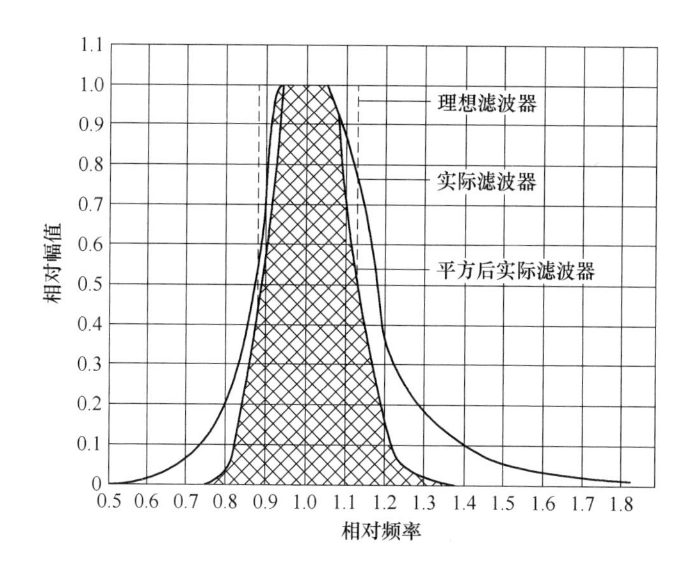

图 4.2 滤波器的幅度频率特性

从图 4.2 可以看出，当用截止频率相同的理想滤波器和实际滤波器同时测量噪声时，实际滤波器能够通过的噪声能量比理想滤波器要大，因此引出了“有效噪声带宽”的概念。实际滤波器的有效噪声带宽定义为一个理想滤波器的带宽：这个理想滤波器在通带内具有均匀的传输系数，并等于实际滤波器的最大传输系数，而且传输的自噪声功率与实际滤波器相同，则此理想滤波器的带宽就是实际滤波器的有效噪声宽，其数学式表示为：

$$\Delta f = \frac{1}{G_{\max}}\int_0^{\infty} G(f)\,\mathrm{d}f \tag{4.1}$$

式中　Δf——有效噪声带宽，Hz；

$G(f)$——滤波器的功率增益随频率的函数关系；

$G_{\max}$——$G(f)$ 的最大值；

f——频率，Hz。

实际滤波器的幅频特性经平方后的曲线与0线所包括的面积，除以面积内最大高度，得到的值就是实际滤波器的有效噪声带宽。

在噪声测试中使用的滤波器有两种基本类型，一种是恒带宽滤波器，它在整个工作频率内绝对带宽都相同；另一种是恒百分比带宽滤波器，它的带宽是通带中心频率的恒定百分数，如图4.3所示。倍频程和1/3倍频程滤波器是最常用的恒百分比带宽滤波器，它们的上限和下限频率 f_1 和 f_2 之间的关系如式（4.2）所示。

$$\frac{f_2}{f_1} = 2^n \tag{4.2}$$

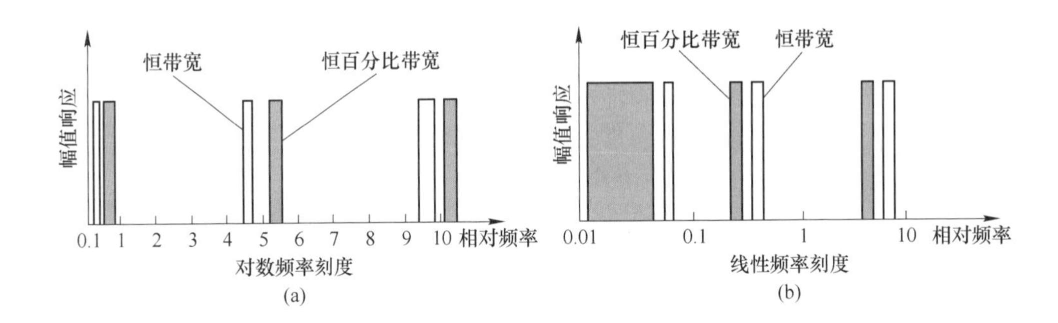

图4.3　恒带宽和恒百分比带宽滤波器的比较

（a）相对频率为线性；（b）相对频率取对数

对于倍频程滤波器 $n=1$，对于1/3倍频程滤波器 $n=1/3$，它们相应的百分比带宽为70.7%及23.16%。

为了统一起见，国际标准化组织（ISO）和我国国家标准规定了倍频程和1/3倍频程滤波器的中心频率（见表4.2）。知道了中心频率 f_0，就可以知道滤波器的频率范围，因为$f_0=\sqrt{f_1 f_2}$，所以滤波器的上限频率f_2和下限频率f_1可由式（4.3）、式（4.4）求出：

$$f_2=\sqrt{2^n}f_0 \tag{4.3}$$

$$f_1=\frac{f_0}{\sqrt{2^n}} \tag{4.4}$$

将滤波器与测量放大器配合使用，可以用来进行频率分析，称为频谱分析仪。根据滤波带特性，分别称为倍频程频率分析仪和1/3倍频程频率分析仪。本书实验中所使用的仪器兼具这两种频率分析，实地测量所选用的为该仪器的1/3倍频程频率分析模块。

表4.2 1/1倍频程和1/3倍频程滤波器的中心频率

倍频程	1/3 倍频程		
16	16	20	25
31.5	31.5	40	50
63	63	80	100
125	125	160	200
250	250	315	400
500	500	630	800
1000	1000	1250	1600
2000	2000	2500	3150
4000	4000	5000	6300
8000	8000	10000	12500
16000	16000	20000	25000

4.2.4 测试方法

使用1/3倍频程频谱分析测量，系统自动读数，每隔0.7s读取一个数据，测得每组频谱分析数据大约耗时4min，A计权声压级值会在测量频谱分析数据结束后同时得出。在高速公路噪声测试中，因不同时段的车流量有较大差别，因此，测试选择24小时连续监测，每个测点从周一到周五连续测试5天，取平均值。

在噪声测试中，对未使用降噪产品时的频谱分析测试结果，结合对闭孔泡沫铝不同结构吸声系数测试的频谱分析规律，选择合适的闭孔泡沫铝结构作为降噪产品的主体，根据声屏障设计原则和方法进行设计。对安装降噪产品之后的噪声频谱结果，要根据不同频段计算插入损失值，比较降噪效果，结合环境保护、经济效益等分析应用前景。

4.3　高速公路泡沫铝声屏障

城市高架路、高架桥和高速路上汽车频繁的通过产生较强的噪声，北京、上海等一些城市噪声的整体水平达到 80dB 以上，干扰了两侧居民的正常生活。沈阳市内有许多高速公路都有穿越居民区的部分，对高速公路两侧居民的生活尤其是睡眠造成严重影响。控制此类噪声污染的主要措施是在道路两侧建设声屏障。沈阳市政府为解决这一问题，拟在穿越居民区的高速公路两侧安装声屏障，其中部分使用打孔闭孔泡沫铝材料的声屏障。声屏障的设计流程如图 4.4 所示。

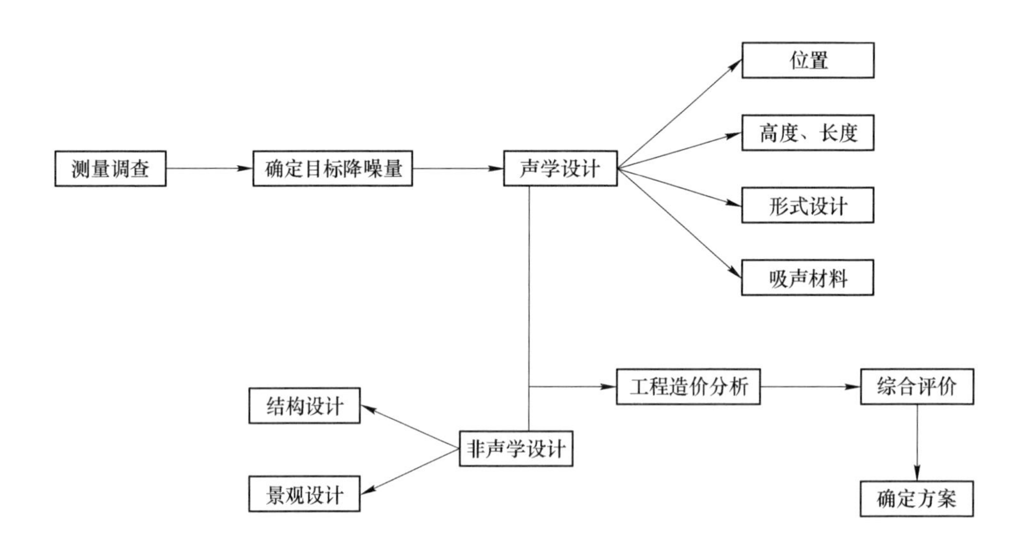

图 4.4　声屏障设计流程

4.3.1　声屏障的声学设计

4.3.1.1　声屏障降噪设计目标的确定

A　噪声防护对象的确定

根据声环境评价的要求，确定噪声防护对象，它可以是一个区域，也可以是一个或一群建筑物。根据沈阳市东西快速高架桥隔声屏建设的工程要求，该工程的主要目的是解决高架桥沿线两段居民生活区噪声的严重超标问题，其中第一段为珠林路 236 ~ 240 号北侧，第二段位于沈海立交桥上（珠林路 212 号北侧），其平面地图及实物照片如图 4.5 所示。

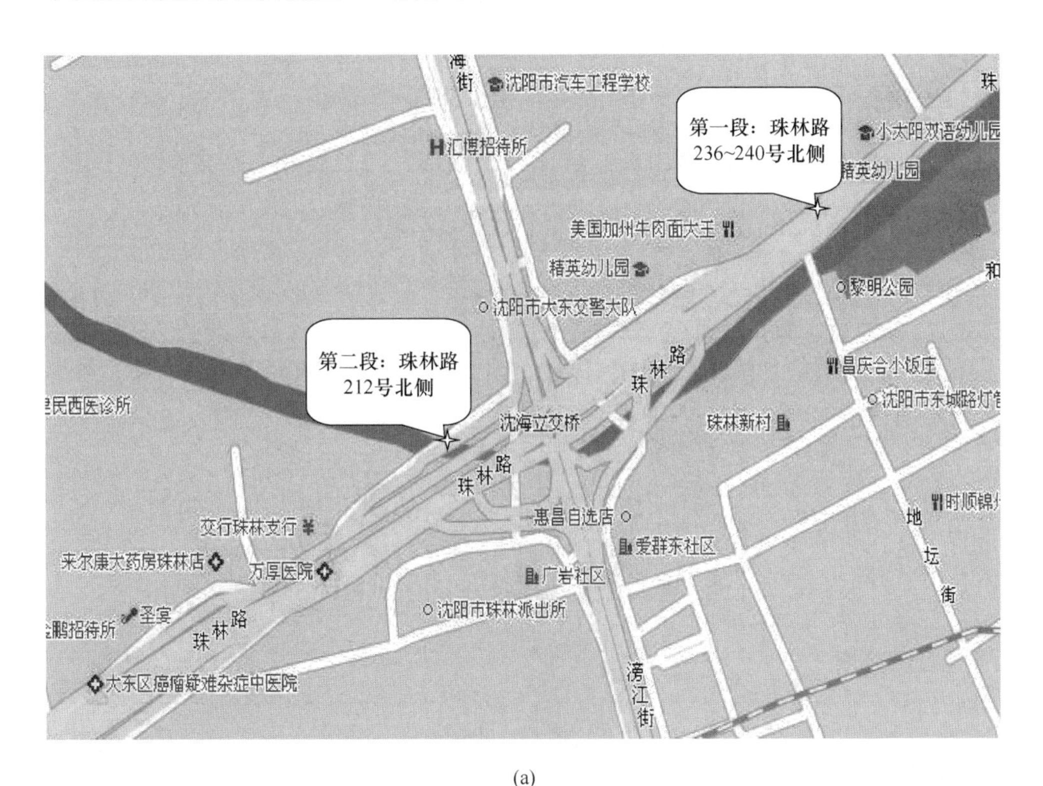

(a)

(b)

(c)

图 4.5　珠林路段平面地图及实物照片

B　关键受声点的确定

代表性受声点通常选择噪声最严重的敏感点，应根据道路路段与防护对象相对的位置以及地形地貌来确定，它可以是一个点，或者是一组点。通常，代表性受声点处插入损失能满足要求，则该区域的插入损失亦能满足要求。

a　受声点基本情况

（1）第一段：珠林路236～240号北侧

总户数3830，首排户数283，居民楼呈矩形，与公路中心线方向有一定的夹角。

（2）第二段：珠林路212号北侧

位于沈海立交桥上，总户数120。

b　受声点位置设定的具体方法

噪声防护对象是两段沿线的居民楼，因此受声点设定在离外墙1m处，与高架桥路面等高。

C　确定受声点的环境噪声值

在距离高架桥50m范围内的敏感居民点，对东西快速干道的交通噪声水平进行24h实时测量，测量分为昼间和夜间，早6:00～22:00为昼间，22:00至次日早6:00为夜间，将测量所得数据按昼间和夜间分别取平均值，如图4.6所示。

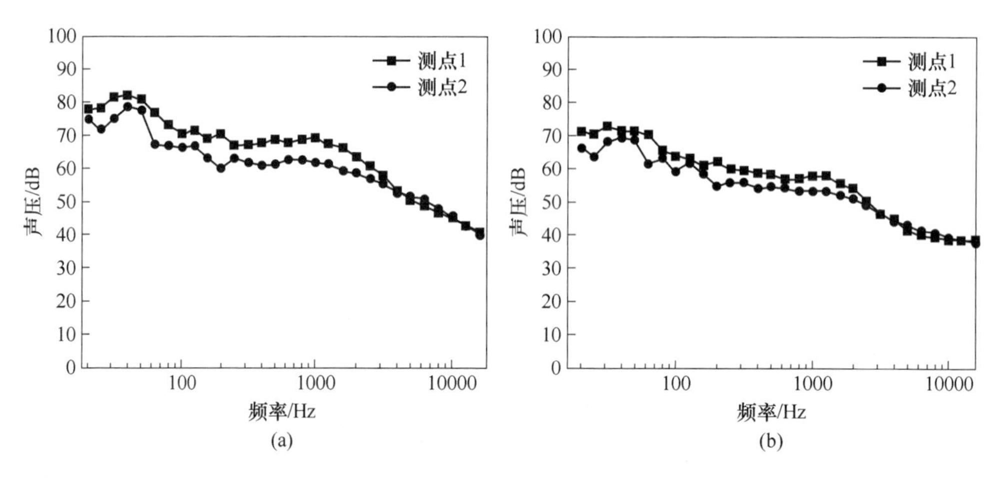

图4.6　各敏感点1/3倍频带声压级测量结果
（a）白天；（b）夜晚

参照《城市区域环境噪声适用区划技术规范》的要求，该区域道路线外50m内的区域适用于《城市区域环境噪声标准》（GB 3096—1993）中的4类标准（表4.3），即昼间70dB，夜间55dB。敏感点处噪声超标情况见表4.4。

表 4.3 城市区域环境噪声标准（GB 3096—1993）

类别	昼间	夜间	适用范围
0	50	40	疗养区、高级别墅区、高级宾馆区等特别需要安静的区域
1	55	45	以居住、文教机关为主的区域
2	60	50	居住、商业、工业混杂区
3	65	55	工业区
4	70	55	城市中的道路交通干线道路两侧区域，穿越城区的内河航道两侧区域

表 4.4 各敏感点噪声实测情况

<table>
<tr><th rowspan="2">测点名称</th><th colspan="2">实测值 L_{Aeq}/dB</th><th colspan="2">执行标准/dB</th><th colspan="2">超标量/dB</th></tr>
<tr><th>昼</th><th>夜</th><th>昼</th><th>夜</th><th>昼</th><th>夜</th></tr>
<tr><td>测点一</td><td>73.6</td><td>65.1</td><td rowspan="2">70.0</td><td rowspan="2">55.0</td><td>3.6</td><td>10.1</td></tr>
<tr><td>测点二</td><td>72.0</td><td>64.2</td><td>2.0</td><td>9.2</td></tr>
</table>

由图 4.6 和表 4.4 可见，测点一的昼、夜噪声水平均略高于测点二，这主要是因为测点一受来自地面交通的噪声影响较大；根据两个测量点的噪声频谱分布，结合各点的噪声超标情况可以看出，昼间超过 70dB 的噪声主要集中在 630Hz 以下，夜间超过 55dB 的噪声主要集中在 500Hz 以下，两个测量点的夜间超标量均远高于昼间超标量，可由此认为东西快速干道两侧的超标噪声的主频率主要集中在 500Hz 以下。因此，本章设计的声屏障吸声主频率要在 500Hz 以下。

D 降噪目标值的确定

修建声屏障的主要目的是保护公路沿线某一位置或地区的建筑物内居民或其他工作人员的声学环境，因而其噪声敏感点处的交通不能超过接受点处规定的环境噪声限定值，凡超过标准的，均需要进行治理，这些超标值，就是声屏障最低的降噪设计目标值，也是声屏障工程声学设计的最基本设计指标。

按照上述计算方法，由表 4.4 可得两处声屏障的降噪设计目标值：测点一为 10.1dB，测点二为 9.2dB。为同时满足两处的降噪要求声屏障设计降噪目标值应至少达到 10.1dB，才符合环境质量标准。

4.3.1.2 声屏障位置设定

声屏障的整体布设应根据《公路环境保护设计规范》设置在靠近声源处。如何设置于相应的路基断面位置上，需要考虑两个问题：

（1）布设位置保证声屏障连续。以路肩或防撞栏为参照系设置声屏障，既可保证声屏障沿路线方向连续，又可保证施工放线准确、降低施工布线难度。

（2）有效保护声屏障。声屏障设置于防撞护栏外侧，避免交通意外事故对声屏障的损坏。在路基与路堑边坡位置布设声屏障时，应该充分考虑边坡的特性，采用设置声屏障重叠区的方法（将声屏障断开，使两段声屏障搭接在一起，形成一段重叠区），克服高程差对声屏障布线的影响。

据现行《公路环境保护设计规范》（JTJ/T 006—1998），高架桥地段应将声屏障结合防护栏一并设置。设计采用骑马法，在防撞墙两侧打孔固定鞍字形钢板，立柱与钢板焊接安装声屏障。

4.3.1.3　声屏障高度的计算

在确定声屏障的高度之前，应先依次确定噪声源源强、衰减量、声程差，最后才能确定声屏障高度。

A　噪声源源强的确定

公路交通噪声为动态不连续噪声源，其声波频率范围在 31.5～8000Hz 之间，根据对车辆行驶噪声的频谱分析，得到车辆的噪声频谱在 250～2000Hz 之间最为显著，且能量集中在 500Hz 附近[148]，这与实地调研结果相符，因此可以认为声屏障对交通噪声 A 声级的衰减与对 500Hz 声波的衰减等效。据此，将公路交通噪声源的主频率定在 500Hz。

B　衰减量的计算

在声屏障的设计中，衰减量根据源强到受声点的几何衰减与受声点预期声级之间的差值确定[149]。计算公式如下：

$$L = L_0 - K\lg\frac{d}{d_0} - L_e \tag{4.5}$$

式中　L——衰减量，dB；

L_0——源强（A 声级）；

d——受声点距源强的距离，m；

d_0——源强测试距离，dB；

K——点声源取 20，线声源取 10；

L_e——受声点预期声级，dB。

根据我国车辆行驶时交通噪声特性，在珠林路段的东西快速干道，取大型客车为源强，分贝值为 88dB(A)，测试距离以 7.5m 为准，受声点与源强的最近距离为 20m，受声点预期声级为 70dB(A)，则衰减量为：

$$L = L_0 - K\lg\frac{d}{d_0} - L_e = 88 - 10\lg\frac{20}{7.5} - 70 = 13.7\text{dB(A)}$$

C 声程差的确定

声程差如图 4.7 所示，声程差用 δ 表示：

$$\delta = a + b - c \tag{4.6}$$

在工程设计中，多采用式（4.7）计算[149]：

$$\delta = \frac{170N}{f} \tag{4.7}$$

式中 N——菲涅耳数，可根据衰减量查绕射衰减曲线图（图 4.7）确定；

δ——声程差；

f——声波频率。

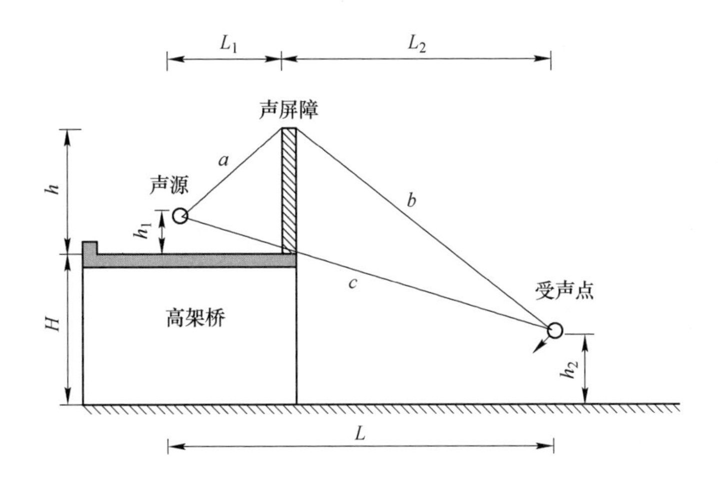

图 4.7 声程差示意图

取菲涅耳数 $N=3$，则声程差：$\delta = \frac{170N}{f} = \frac{170 \times 3}{500} = 1.02\text{m}$

D 声屏障高度的确定

将式（4.6）中 a，b，c 均用声屏障的高度来表示，则可由式（4.6）来计算声屏障的高度[150,151]。由图 4.7 可知：

$$a^2 = (h - h_1)^2 + L_1^2 \tag{4.8}$$

$$b^2 = (H + h)^2 + L_2^2 \tag{4.9}$$

$$c^2 = (H + h_1)^2 + L^2 \tag{4.10}$$

将式（4.8）~式(4.10）代入式（4.6）中，H，h_1，L，L_1，L_2，δ 均为已知值，即可求得声屏障高度 h。

根据快速路北侧居民所处的环境特征、建筑朝向及公路特征等因素分析确定，声屏障应建于公路北侧。交通声源高度 $h_1=0.8\text{m}$，受声点设在与声源同一垂直高度，声屏障设计高度计算参数见表4.5。由表4.5计算结果可见，声屏障的设计高度应为3.20m。

表4.5 声屏障高度计算参数

敏感点	声源与受声点水平距离/m			N	δ	受声点与声屏障水平距离/m	声源与声屏障间水平距离/m	声屏障高度/m
	D_N	D_F	D_E					
测点一	22.80	24.60	23.68	3.00	1.0	21.00	2.68	3.15
测点二	20.00	20.00	20.00	0	5	17.00	3.00	3.20

4.3.1.4 声屏障长度的确定

声屏障长度的确定方法目前尚未有统一的执行标准，大多是按照一些经验公式来估算声屏障长度，现列出两类估算方法[152]。

A类：声屏障的长度应大于其保护对象

沿公路方向的长度，一般声屏障的外延长度应大于受保护对象到声屏障距离的2~3倍。

B类：按照国外设计有限长声屏障的经验，假定有一个距路边50m范围内的敏感建筑需要建筑声屏障防护，设该敏感建筑长为 Sm，则两边伸出超过60m的声屏障，声屏障总长 $L=(120+S)$m，那么因声屏障两侧的绕射对该敏感建筑降噪量的降低基本上可以忽略不计[145]。

根据现场调研，在东西快速干道珠林路段，声屏障的修建位置距建筑物最近距离约为18m，测点一粗粮馆位置，需要保护的长度为250m，测点二需要保护的长度为52m，则受保护对象总长度 $S=302$m。

按照A类公式知：

测点一声屏障长度为：(36+250)=286m

测点二声屏障长度为：(36+52)=88m

按照B类公式知：

测点一声屏障长度为：(120+250)=370m

测点二声屏障长度为：(120+52)=172m

参考两种计算方法，确定在东西快速干道珠林路段测点一粗粮馆位置修建声屏障的长度为300m，测点二修建声屏障的长度为90m。

4.3.1.5 声屏障形式的选择和吸声结构的设计

现有的公路声屏障主要有两种类型，即扩散反射型和吸声共振型。其中以扩散反射型居多[153]。

A 扩散反射型

声波反射在公路声屏障中一般为平面和凸面的反射。声波在传播过程中遇到凸形的界面就会被分散为许多比较弱的反射声波，减小到达受声点的声能。

B 吸声共振型

当声波射到物体表面时，总有一部分声能被物体吸收转化为其他能量，这种现象称为吸声，而物体的吸声作用是普遍存在的。

声屏障的材料应具有良好的吸、隔声性能。就隔声能力而言，声屏障的传声损失大于声屏障设计降噪指标 10dB 以上就可以满足要求，声屏障的材料应有 20～30dB 的平均隔声量，一般的普通建筑材料均满足要求。同时，为保证行车安全，材料应坚固耐用且阻燃，具有良好的抗弯、抗剪性能，能经受室外各种恶劣条件的考验[154-159]。

泡沫铝作为一种金属基多孔材料，具有耐高温、耐腐蚀、防潮、阻燃、洁净、美观、使用寿命长等特点，且由于生产、使用和报废回收过程无二次污染，被誉为“绿色环保材料”。经打孔处理的闭孔泡沫铝板（图 4.8）是一种很好的吸声材料，这种材料表面具有很多凹凸结构和小腔室结构，加空腔后可形成共振结构，既通过表面漫反射作用吸声，又通过微孔等结构耗散声能，同时兼具亥姆霍兹共振吸声器原理，具有很好的吸声效果。该设计采取吸声共振的声屏障形式，把具有较强吸声性能的闭孔泡沫铝材料应用于主吸声结构，设计声屏障。

图 4.8 打孔闭孔泡沫铝吸声板

图 4.8 所示为经打孔处理的闭孔泡沫铝板，根据第 3 章对闭孔泡沫铝声学性能的研究发现：闭孔泡沫铝的吸声能力与孔隙率、厚度、孔径、打孔率、打孔孔径、打孔后背后设置空腔深度等因素密切相关；在设计中，调整吸声频段有效的

方法主要有通过改变打孔率或背后空腔深度来调整吸声峰值出现的频段。高速路上的噪声主要是由汽车的橡胶轮胎与马路路面摩擦产生的，根据对实测噪声的频谱分析，超标的噪声频率大多分布在 500Hz 以下，主频率为 300 ~ 400Hz，因此该设计的泡沫铝吸声板吸声主频率为 300 ~ 400Hz。根据第 3 章对闭孔泡沫铝吸声系数的测试结果，选取孔隙率为 88.1%，厚度为 10mm，打孔孔径 2mm，打孔率 3% 的闭孔泡沫铝板，背后设置 70mm 厚空腔（空气层）。

该工程应用中设计的闭孔泡沫铝声屏障由三部分组成：上部为弧形泡沫铝吸声箱；下部为直板形泡沫铝吸声箱，箱体尺寸为 800mm × 2000mm × 80mm。吸声箱正面安装厚度为 10mm 的打孔泡沫铝板，背面为镀锌钢板，其间为 70mm 厚空气层；中部为 PVB 安全玻璃，计权隔声量在 20dB 以上，其尺寸为 1200mm × 2000mm。泡沫铝声屏障的正面及侧面简图如图 4.9 所示。

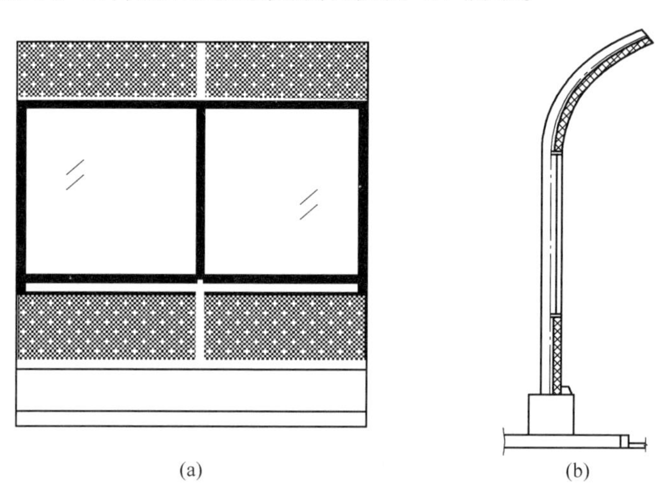

图 4.9　泡沫铝声屏障正面及侧面简图

注：实际高度 = 2.8m，等效高度 = 3.20m

（a）正面；（b）侧面

4.3.2　声屏障的强度设计

根据强度设计要求，沈阳东西快速干道声屏障的设计风载为 $110\mathrm{kg/m^2}$（可抗 12 级台风）。

（1）立柱在风压下承受剪力和弯矩，选用标准轻型 H 型钢的立柱，其许用应力为：$[\sigma] = 170\mathrm{MPa}$，$[\tau] = 100\mathrm{MPa}$，立柱尺寸为 150mm × 150mm × 2800mm，用 6mm 厚的钢板焊接而成，表面镀锌后喷涂氟碳漆。

立柱的底部端面是危险截面，承受较大的剪应力和弯矩，应对其进行强度校核。强度校核计算结果如下：$\sigma = 75 < [\sigma]$；$\tau = 68 < [\tau]$，可见立柱的强度满足

要求。

（2）地脚螺栓。每个 H 钢立柱采用 4 个地脚螺栓，分前后两侧，并在每侧均匀布置。4 根 $M16$ 的螺栓即可满足强度要求，考虑到现场的安装误差和螺栓的腐蚀，实际设计中采用 4 根 $M18$ 的螺栓。

4.3.3 声屏障的景观设计

建设声屏障的主要弊端是会对司乘人员产生心理上的压抑感以及破坏自然景观。因此，声屏障的景观设计一方面要遵循建筑形式美的一般原则，使其保持与道路及周围环境的整体性和一致性，同时不要影响驾驶安全性。综合考虑了声屏障与周围环境的协调性，该设计中选用直弧式声屏障，上部采用弧形泡沫铝吸声屏，中部采用透明夹膜安全玻璃隔声屏，下部采用直平型泡沫铝吸声屏，整个声屏障的颜色喷为蓝色，既不会阻隔视线，又与周围环境相协调，使声屏障能融入沈阳这个大都市之中。施工完成后的沈海立交桥泡沫铝声屏障图如图 4.10 所示。

(a)

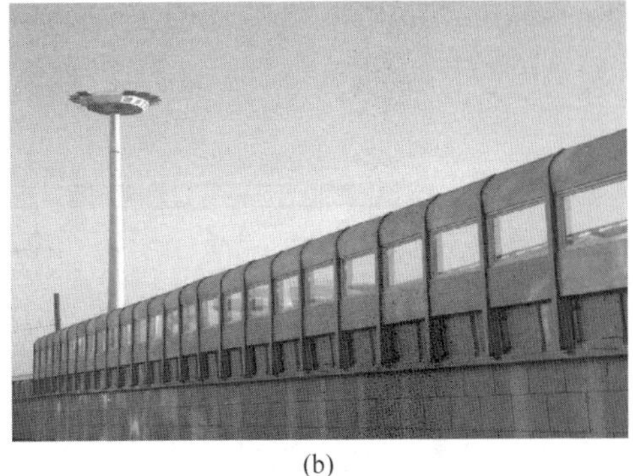

(b)

图 4.10 沈海立交桥泡沫铝声屏障照片

（a）泡沫铝声屏障正面；（b）泡沫铝声屏障背面

4.4 降噪效果测试

4.4.1 测试内容

对于声屏障降噪效果的评价，常用的方法主要为测量其插入损失值。直接测量声屏障安装前后在同一参考位置和受声点位置的声压级，进而计算插入损失的方法，称为直接法。直接法插入损失计算公式如式（4.11）所示。

$$IL = (L_{\mathrm{ref},a} - L_{\mathrm{ref},b}) - (L_{\mathrm{r},a} - L_{\mathrm{r},b}) \tag{4.11}$$

式中　$L_{ref,a}$——参考点安装声屏障后的声压级，dB；

$L_{ref,b}$——参考点安装声屏障前的声压级，dB；

$L_{r,a}$——受声点安装声屏障后的声压级，dB；

$L_{r,b}$——受声点安装声屏障前的声压级，dB。

由于直接法测量时安装前后的参考点位置和受声点位置相同，其地形地貌、地面条件一般等效性较好。本章的测试即是采用这种方法。

根据 HJ/T 90—2004《声屏障声学设计和测量规范》的规定：当离声屏障最近的车道中心线与声屏障之间的距离 $D<15$m 时，参考点的位置应选在声屏障的平面内上方，并保证离声屏障最近的车道中心线与参考位置、声屏障顶端的连线夹角为10°。如图 4.11 所示，根据角度计算参考点距离声屏障上方的距离，具体数据列于表 4.6。

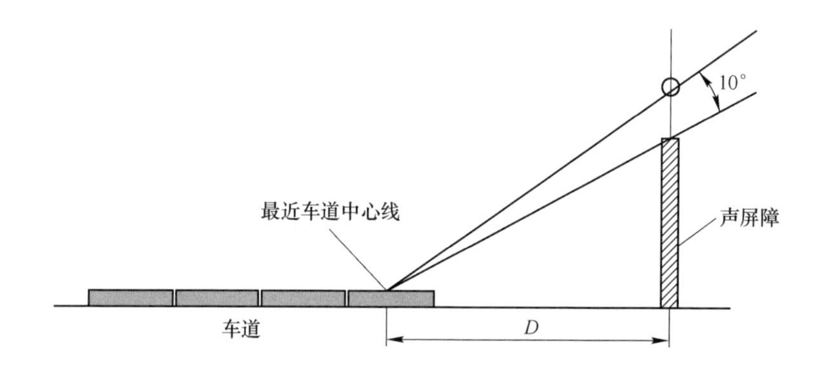

图 4.11　参考点位置 $D<15$m

如第 2 章所述，测量使用的仪器为杭州爱华电子研究所研制的 AWA6270 + 型噪声分析仪 2 台。量程选择 40 ~ 110dB，并选用 1/3 倍频程频谱分析模块进行测试。

表 4.6　测量中参考点参数

测量点	D/m	参考点距离声屏障上方距离/m
测点 1	1.80	1.14
测点 2	3.00	1.00
测点 3	1.72	1.17
测点 4	1.72	1.17
测点 5	1.72	1.17

对于即将安装声屏障的5处地段，各选1处测点进行噪声测量，以便在声屏障安装后进行降噪效果评估及对比。5处测点中，测点1和测点2为本章设计的闭孔泡沫铝声屏障，测点3、测点4和测点5为常见的普通百叶型声屏障，现场测试布点图如图4.12所示。图4.12中，测点1、测点2分别位于东西快速干道珠林路236~240北侧和沈海立交桥珠林路212号北侧，测点3、测点4及测点5依次位于珠林路75~79号南侧、珠林路86~90号北侧、珠林路31~33号南侧。

为保证测量的重复性，选择空气湿度在60%~80%，风力小于3级的晴天进行。

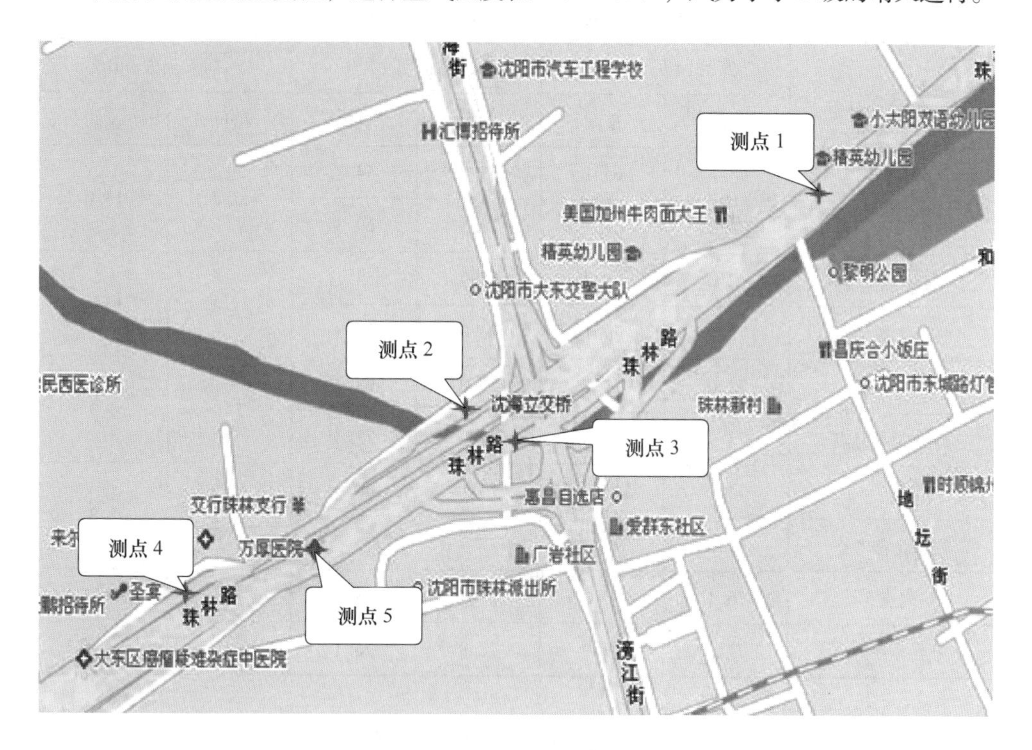

图4.12　声屏障测试布点图

4.4.2　测试方法

在受声点处测试时将测试仪垂直正对高速公路，仪器距离测量处地面1.2m以上，并保持与高速公路高度相平。

采用A计权声压级（以下所测的数据均沿用这一标准），选择1/3倍频程频谱分析模块，测量时系统自动读数，每隔0.7s读取一个数据，测得每组数据大约耗时4min。对每一测点处参考点和受声点的噪声进行同步24小时连续测量。为保证测量的重复性，均选择在空气湿度60%~80%，风力小于3级的晴天进行，仪器加风罩。

4.4.3　测试结果

4.4.3.1　各测点声压级测量结果及插入损失

根据各测点处声屏障安装前后参考点和受声点全部声压级测量结果，利用直接法插入损失式（4.11），计算出各测点的插入损失值，列于表4.7。

表4.7　各测点声压级与插入损失

测量点	安装前 $L_{eq,A}$/dB		安装后 $L_{eq,A}$/dB		插入损失/dB	
	昼间	夜间	昼间	夜间	昼间	夜间
测点1	73.6	65.1	66.0	54.7	12.3	13.0
测点1参考点	74.2	66.7	78.9	69.3		
测点2	72.0	64.2	65.9	54.1	12.1	13.3
测点2参考点	73.0	70.1	79.0	73.3		
测点3	72.0	71.1	71.0	68.2	7.1	4.3
测点3参考点	73.9	72.0	80.0	73.4		
测点4	74.2	70.0	72.1	64.9	5.0	5.8
测点4参考点	75.0	72.3	77.9	73.0		
测点5	76.1	70.0	72.4	68.2	5.6	4.7
测点5参考点	77.0	73.2	78.9	76.1		

从表4.7的结果可以看出，泡沫铝声屏障减噪量在12.1～13.3dB，声屏障在白天与夜间的减噪效果差别不大。测点1敏感点其声屏障降噪量在12.3～13.0dB；测点2敏感点声屏障降噪量在12.1～13.3dB。而三处百叶声屏障的降噪量仅在4.3～7.1dB之间，其降噪效果明显低于泡沫铝声屏障。

4.4.3.2　声屏障实际降噪结果比较

为了进一步研究声屏障降噪的频率分布特点，根据插入损失计算公式，结合参考点声压级前后测量结果，绘制出相应的1/3倍频程曲线，从而得到不同频率的实际降噪效果图，如图4.13所示。由图4.13中安装声屏障前后的噪声曲线，可直观地看出两种声屏障的降噪效果：闭孔泡沫铝声屏障的降噪效果在整个频段内都远远好于普通百叶型声屏障，且低频效果更优。

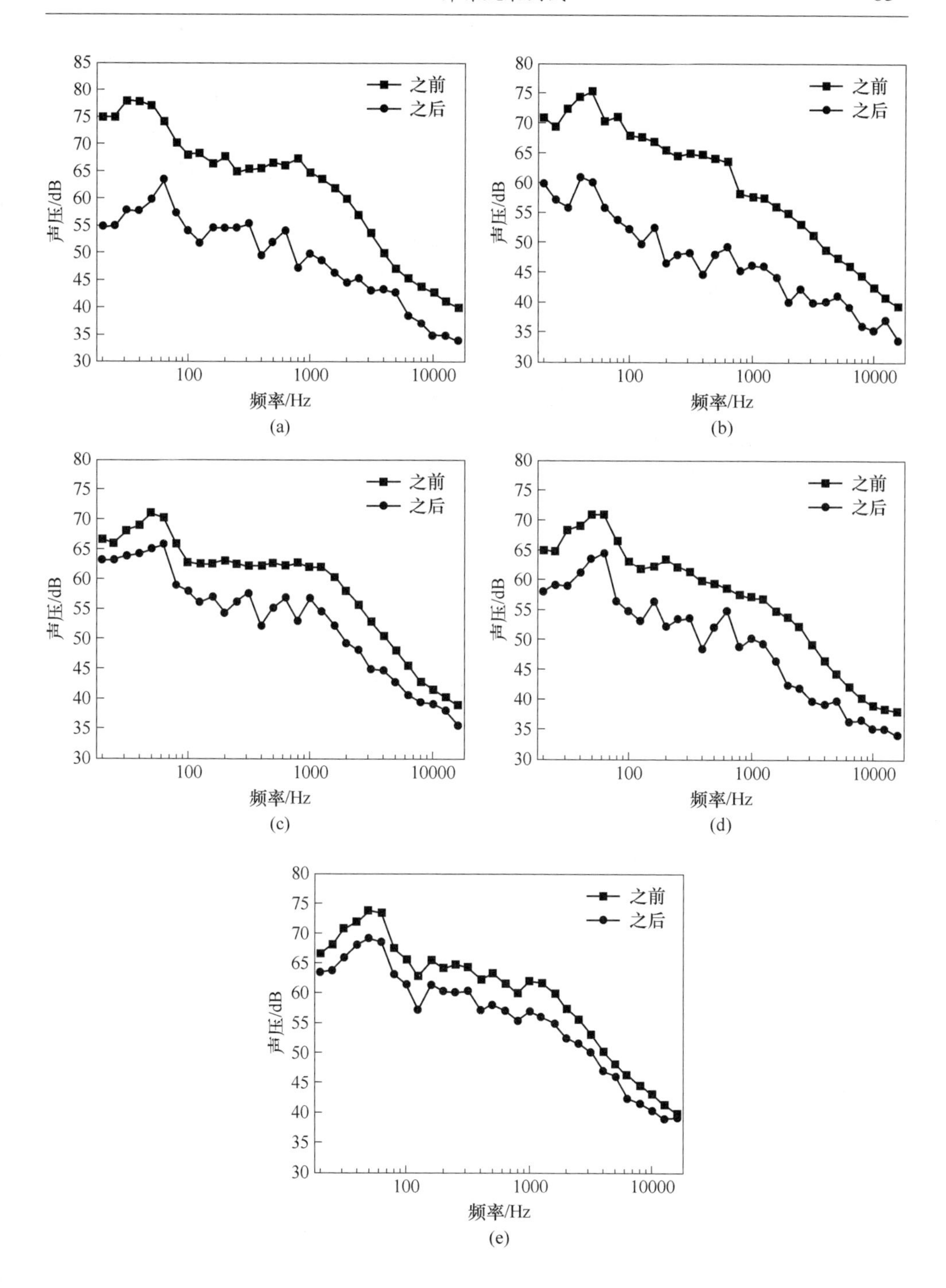

图 4.13　各测点声屏障安装前后降噪效果 1/3 倍频图
（a）测点 1；（b）测点 2；（c）测点 3；（d）测点 4；（e）测点 5

综上所述，本章以沈阳市东西快速干道声屏障降噪示范工程为例，通过对珠林路段噪声水平实地调研，发现在两个测点处均是夜间噪声超标量高于昼间超标量，且超标噪声的主频率集中在500Hz以下。针对该处噪声声压级频谱分析结果，依据闭孔泡沫铝吸声系数测试结果，设计将闭孔泡沫铝材料制作成箱式结构，作为主吸声结构用于声屏障。声屏障结构上部为弧形泡沫铝吸声箱；下部为直板形泡沫铝吸声箱，箱体尺寸为800mm×2000mm×80mm。正面安装厚度为10mm的打孔泡沫铝板，背面为镀锌钢板，其间为70mm厚空气层；中部为PVB安全玻璃。

采用直接法对泡沫铝声屏障安装前后受声点和参考点的声压级进行24h连续测量，求得其插入损失，两段泡沫铝声屏障的插入损失值在12.1~13.3dB之间；通过与同期安装的三段百叶型声屏障降噪效果进行比较，发现在20~630Hz频段，泡沫铝声屏障的降噪量约为百叶型声屏障的3倍。

5 泡沫铝汽车排气消声器吸声结构研究

5.1 引言

汽车噪声是交通噪声和城市噪声污染的主要来源，随着汽车噪声危害的加剧，各国均已制定强制性法规，严格禁止噪声超标车辆的生产、销售和使用[160]。一般来讲，汽车噪声是用来评价汽车等级水平的重要指标，而排气噪声是主要的汽车噪声源之一，因此需要严格控制排气噪声[161]。整车噪声主要包括发动机噪声、冷却风扇噪声、排气噪声、传动系及轮胎噪声等。其中，排气噪声是最主要的噪声源，它经常高出其他噪声 10～15dB[162]。排气噪声主要是在排气开始废气以脉冲形式从排气门间隙排出，并迅速从排气口进入大气时所形成的能量很高、频率很复杂的噪声[163]。随着发动机转速和强化程度的提高，排气系统内气流速度增加，排气噪声也随之增大。2002 年 8 月 1 日，北京市率先实施欧洲Ⅱ号尾气排放标准，2003 年 3 月 1 日上海市也开始实施欧洲Ⅱ号尾气排放标准。当前在欧美发达国家已经开始执行更加严格的欧Ⅲ标准。汽车的 NVH（noise，vibration，harshness）已经成为衡量产品质量的重要指标，各生产厂商开始日益注意 NVH 问题[164]。因此，虽然消声器功率损耗惊人，各汽车生产厂家仍不得不在汽车上安装越来越复杂的排气消声器，以求得增幅不大的降噪量[165]。近年来，消声器的设计和研制受到汽车行业的广泛重视。研究汽车消声器，对于减少汽车噪声、降低噪声污染具有重要的社会意义和应用价值[166-170]。

早期的测试分析设备简单，只能用声级计等来进行简单的噪声测量。当电子技术和信号处理技术迅速发展之后，出现了频谱分析。频谱分析的出现提高了噪声分析的精度和准度，使得降噪产品的设计更具针对性、效率更高[171-173]。

近 20 多年来，汽车上使用的吸声和隔声材料越来越多，阻尼材料也广泛应用，吸声和隔声效果越来越好[174]。为抑制辐射噪声，已经在一些部件上采用双层板结构，如排气多支管和消声器外壳。选择好的材料和合适的消声结构是实现理想的消声效果的先决条件[175-179]。由前文可知，闭孔泡沫铝经打孔之后，可成为良好的吸声材料，并通过调整材料密度、打孔率、打孔孔径、打孔后背后空腔深度、孔排列方式及各种不同形式的组合，得到了吸声峰值出现在不同频段的效果，本章将其应用于消声器设计中，以有针对性地降低不同类型噪声的声压级。

5.2 普通消声器类型及消声效果

消声器可分为主动消声器、半主动消声器和被动消声器[180,181]。

主动消声器采用一套电子控制系统产生一个与声源声波幅值相等而相位相反的次声波，通过两个波相互抵消从而达到消声效果。由于主动消声器的成本较高，所以很少在汽车上采用，工程实践中也较少采用，仅限于理论研究。

半主动消声器内有一套被动控制装置，当空气流动状况改变时，消声器的消声效果由气流来调节。少数汽车在进、排气系统中采用半主动消声器。

在被动消声器里，声能会被反射或吸收，从而达到消声目的。绝大多数汽车进、排气系统，采用被动消声器。

被动消声器作为汽车排气消声器的主流，按照其消声机理，可分为阻性消声器、抗性消声器和复合式消声器三类[182,183]。

5.2.1 阻性消声器

阻性消声器是利用气流管道内的不同结构形式的多孔吸声材料来吸收声能、降低噪声的消声器，阻性消声器在降噪系统中类似电路中的电阻。阻性消声器的消声性能主要取决于消声器的结构形式、吸声材料的吸声特性、通过消声器的气流速度及消声器的有效长度等。这种消声器的有效频带较宽，对中高频噪声的消声效果较好；缺点是吸声材料的孔易被烟尘油污阻塞，在高温侵蚀性气体中使用寿命短，低频降噪效果较差，实际消声量的大小与噪声频率有关，存在上限失效频率等。

阻性消声器按气流通道的几何形状不同，又分为直管式、片式、蜂窝式、折板式、盘式、弯头式消声器等。其中，片式消声器应用最为广泛；弯头式消声器在国外已经得到广泛应用，以前国内对它重视不够，发展相对比较缓慢。对阻性消声器性能改进主要在于，寻求具有防潮、防火、耐高温、耐腐蚀等特点的高性能吸声材料；同时，根据不同的工程，需要选取不同形状的阻性消声器和吸声材料的护面结构[184]。

5.2.2 抗性消声器

抗性消声器是利用各种形状、尺寸的管道或所谓共振腔的适当组合，造成声波在系统中传播时阻抗失配，使声波在管道和共振腔内发生反射或干涉，从而降低它的输出声能。根据其消声原理及特性可分为五大类，即扩张式消声器、共振式消声器、微穿孔板消声器、干涉式消声器和电子消声器；按其消声原理又可分为干涉型、共振型和扩张型等。由于它的消声效果随频率而发生变化，故又称声学滤波器。这类消声器构造简单，耐高温和气体侵蚀，但频率选择性较强，适用于窄带噪声和中低频噪声的控制，高频噪声消声效果较差，与阻性消声器相比，阻力损失较大[185,186]。

5.2.3 复合式消声器

将阻性及抗性等不同消声原理组合设计即构成了复合式消声器，如阻抗复合式消声器、阻共复合式消声器等，都是工程中常见的复合式消声器。因阻性消声器适合中、高频，扩张式及共振式消声器适合低、中频，因此，将两者复合可取得低、中、高频较宽频带范围内的理想消声效果。在应用中，应结合实际选择合适的消声器[187,188]。

从对汽车排气消声器的要求来看，采用抗性消声器较为合适。因为它一般为全金属结构，且结构简单，能耐高温、耐腐蚀、耐气流冲击，成本低、寿命长，但高频消声效果较差。为弥补这一缺陷，往往需要采用穿孔板或多级组合高频消声效果较好的结构[189,190]。

对于阻性消声器，因其内部的多孔性材料耐高温、耐腐蚀性差，且其微孔易被废气中的炭灰堵塞，故不宜用作汽车排气消声器。由于阻抗复合式消声器仍具有阻性消声器的缺点，在汽车排气消声器上的应用也受到限制。

5.3 汽车排气噪声频率与强度

5.3.1 测试仪器与方法

使用的测试仪器为杭州爱华电子研究所研制的 AWA6270 + 型噪声分析仪，采用 1/3 倍频程频谱分析模块。

在汽车排气噪声测试中，测量不同转速下的噪声，每个转速测量 5 组数据，取平均值。

测试时，将仪器的探头固定于客车排气管外距离排气口 15cm 处，斜 45°安置。测量开始后，选择不同发动机转速分别测试：发动机转速选择 700r/min、1000r/min、2000r/min 分别测量，每个转速测量 3 组。

安装消声器之后，测试仪探头安装位置不改变，测量方法同未安装时，重复上述测量。

消声器的设计主要是针对客车进行排气口的噪声测试。测试所用车由中通客车控股股份有限公司生产。

中通客车控股股份有限公司所提供的客车属于公共交通用车，车的型号为WP6.210，车长9m，柴油发动机，6缸210马力，容量6.75L。

5.3.2　测试结果分析

公共交通用客车的噪声测试结果如图5.1所示，图5.1中列出了该客车在不同转速下的噪声频谱分布，图5.1(a)、图5.1(b)、图5.1(c) 转速依次为700r/min、1000r/min、2000r/min。由图5.1可见，随转速升高整体噪声水平升高，除图5.1(a) 中的高频段，其他噪声值均超过90dB，在3个转速下的低频段都出现了几个超高的峰值，噪声污染较为严重。

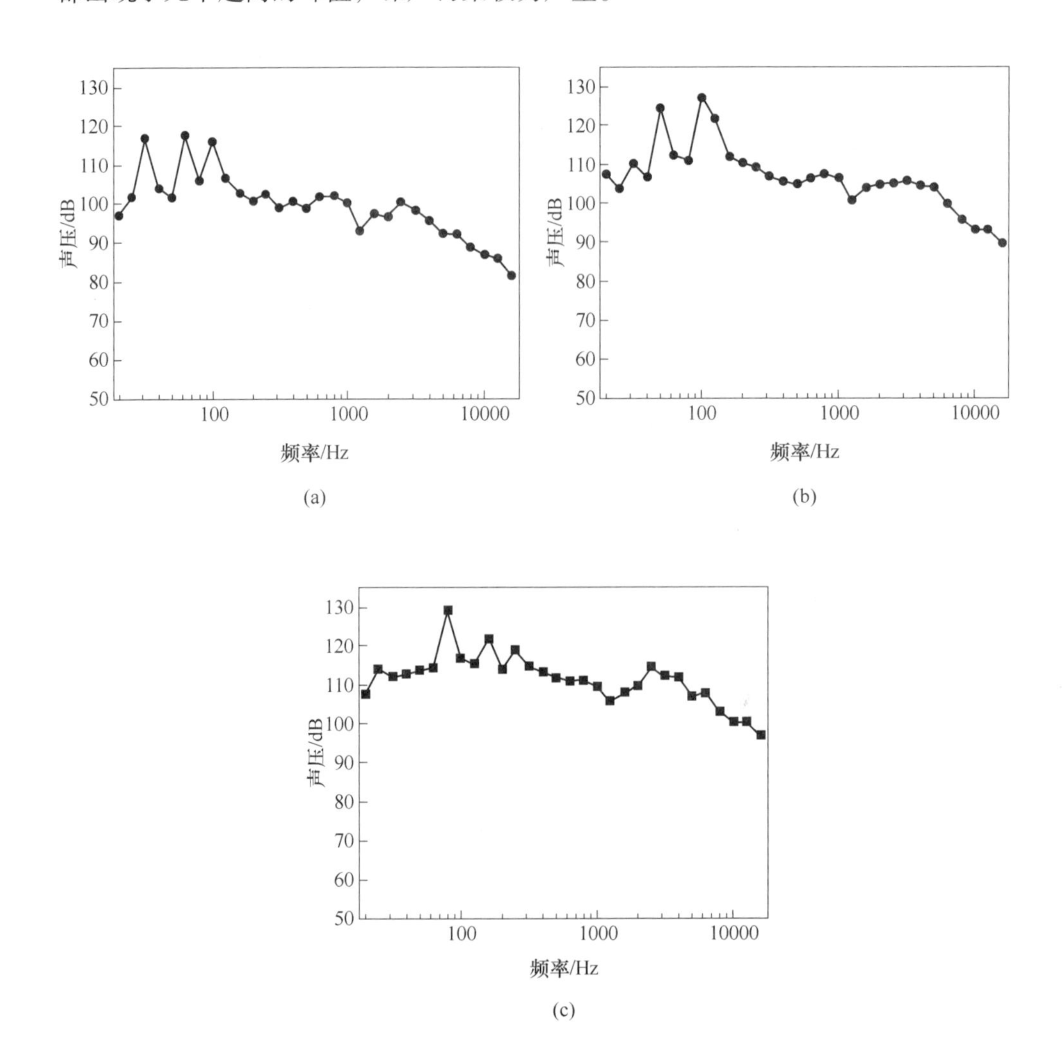

图5.1　公共交通用客车不同转速噪声1/3倍频程频谱分析

5.4 泡沫铝汽车排气消声器

5.4.1 泡沫铝消声器结构形式

5.4.1.1 客车消声器结构

根据对打孔闭孔泡沫铝吸声系数的测量结果，结合客车排气噪声的频谱分析，设计了两种结构的闭孔泡沫铝客车排气消声器，结构图如图 5.2 和图 5.3 所示。

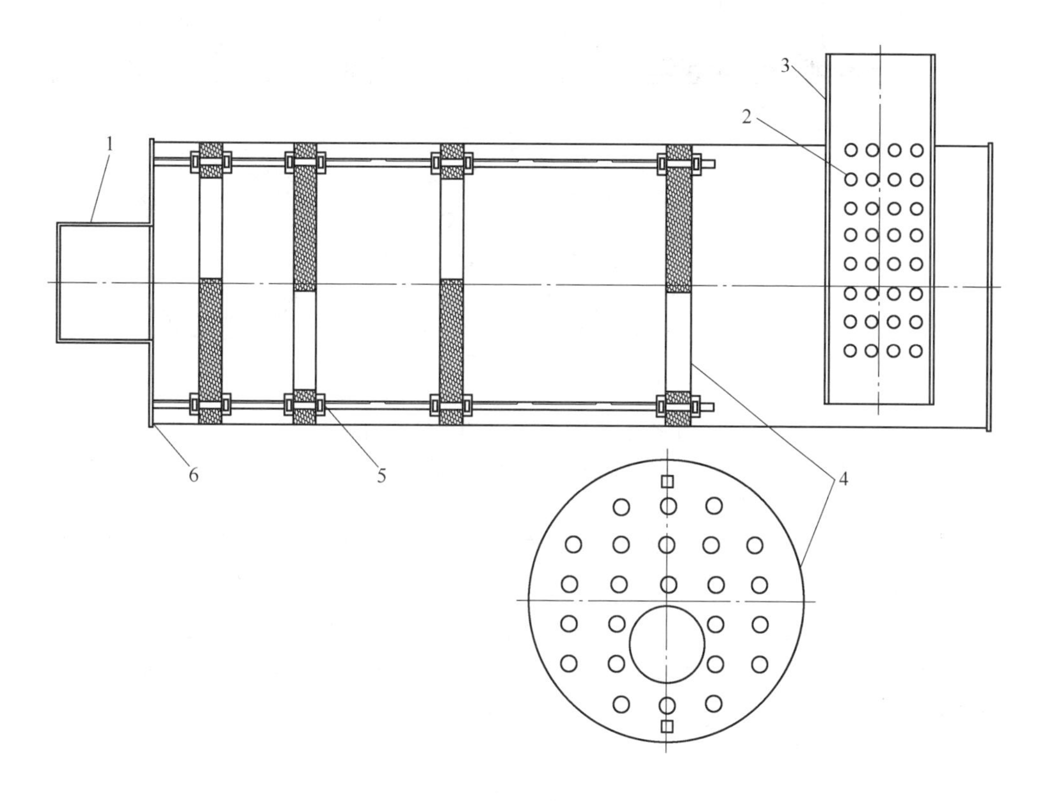

图 5.2 闭孔泡沫铝客车排气消声器 a 结构示意图

1—排气管；2—进气孔；3—进气管；4—打孔泡沫铝盘；5—连接螺杆；6—外筒

由图 5.2 和图 5.3 可看出闭孔泡沫铝排气消声器整体结构及泡沫铝圆盘和泡沫铝圆筒结构，两个消声器结构相似。以图 5.2 所示消声器为例，介绍结构组成及各部分功能。

由图 5.2 可见，客车发动机排出的气体经进气管进入消声器内，进气管为一个打孔钢管，打孔的目的是为了减小气流进入消声器的阻力。消声器内置 4 个打

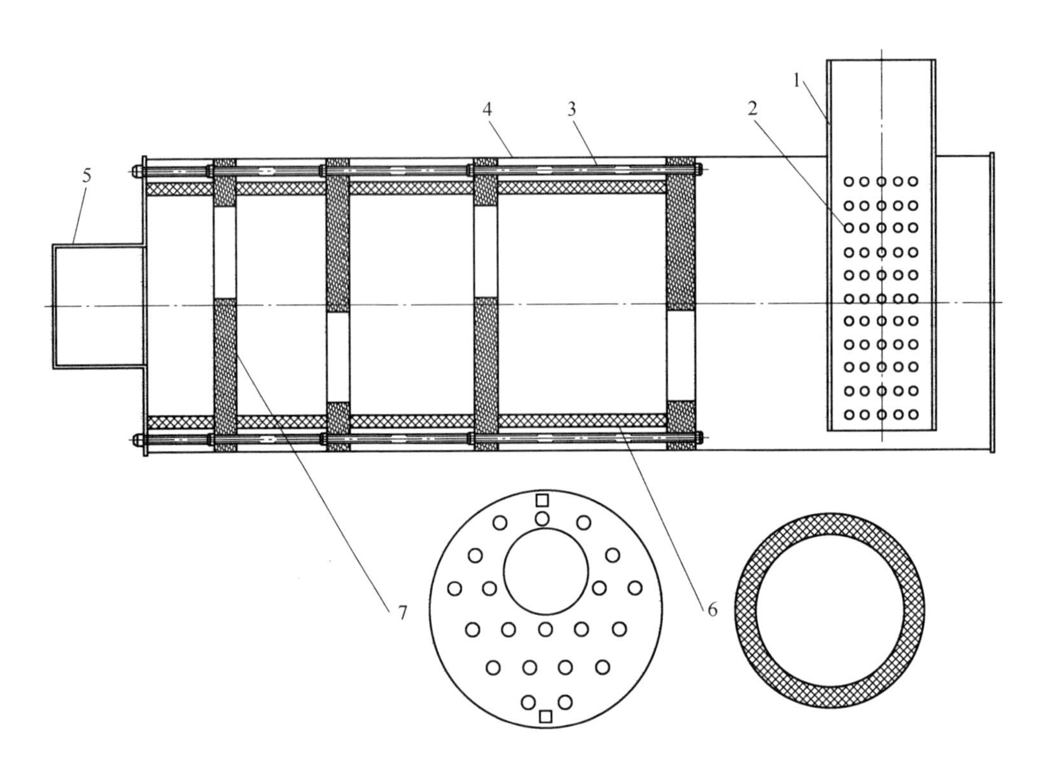

图 5.3　闭孔泡沫铝客车排气消声器 b 结构示意图

1—进气管；2—进气孔；3—连接螺杆；4—外壳；5—排气管；6—泡沫铝圆筒；7—打孔泡沫铝盘

孔闭孔泡沫铝圆盘，厚度均为 20mm。圆盘上除一个大的圆形开孔外，还有打孔率 3% 的小孔，大孔使气流通过，小孔构建吸声结构。圆盘通过螺杆连接，在螺杆上不等间隔排列，目的是使每个圆盘与其后的空腔形成的共振结构可消除不同频率的噪声，以降低整个频段的噪声。打孔泡沫铝圆盘通过螺杆用螺母固定，圆盘上的大孔交错相对，气流在空腔内会形成弯折回旋，使流速降低通过阻性作用降低噪声。气流流过 4 个打孔泡沫铝盘后经排气管排出。进气、排气管、消声器外筒均为钢质材料，进气管和排气管通过焊接与外筒连接，打孔闭孔泡沫铝盘与外筒通过螺杆和螺母连接固定。

图 5.3 的结构是在图 5.2 结构基础上，在腔内添加一层打孔闭孔泡沫铝圆筒，使圆筒、圆筒与外壳之间空气层、外壳三者之间形成共振结构，提高消声效果。

5.4.1.2　闭孔泡沫铝汽车排气消声器特点

闭孔泡沫铝本身具有耐高温、耐腐蚀的性能，将其用于制作消声器时，通过对泡沫铝圆盘表面进行镀镍处理，使其具有了更好的耐高温、防腐蚀性能，增加了使用安全性，同时延长了消声器的使用寿命。所使用的主要材料为钢制材料或泡沫铝材料，不含有阻性消声器中常用的玻璃棉、矿渣棉等多孔材料，避免了这类材料带来的环境污染及吸湿、吸潮等问题。常用的抗性消声器具有多个扩张室及共振腔，虽未使用多孔材料，却因结构复杂造成质量大、功率损失大等问题。打孔闭孔泡沫铝消声器同时利用结构和材料消声，使用的泡沫铝本身质量轻，整个消声器构造简单，不会造成过高的功率损失。

5.4.2 不同结构泡沫铝消声器降噪效果对比

5.4.2.1 消声器声学性能评价

评价消声器的消声性能常使用传递损失 TI(trans-mission loss) 和插入损失 IL(in-sert loss) 两种参数。

传递损失是指消声器的进口处声功率级和出口处声功率级之差。传递损失没有包括声源和管道终结端的声学特性，只与自身结构有关。在评价单个消声元件的消声效果或者初步评估系统的声学性能时，通常用传递损失，这是评价消声元件消声效果最简单的一种方法。传递损失测量方法如图 5.4 所示。

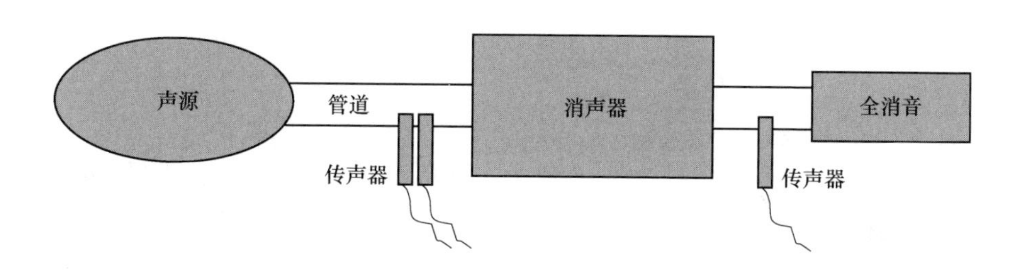

图 5.4 传递损失测量示意图

其数学表达式为：

$$TL = L_{W_1} - L_{W_2} = 10\lg \frac{W_1}{W_2} \tag{5.1}$$

式中 W_1，W_2——消声器入口与出口端的声功率，W；

L_{W_1}，L_{W_2}——消声器入口与出口端的声功率级，dB。

插入损失的测量示意图如图 5.5 所示。图 5.5(a) 为未安装消声器时的系统，声源与传声器之间只通过管道连接，在测量点测得的声功率级为 L_{P_1}；在管道中安装消声器，得到如图 5.5(b) 所示的系统，传声器位于同一点测量声功率级，所测值为 L_{P_2}。

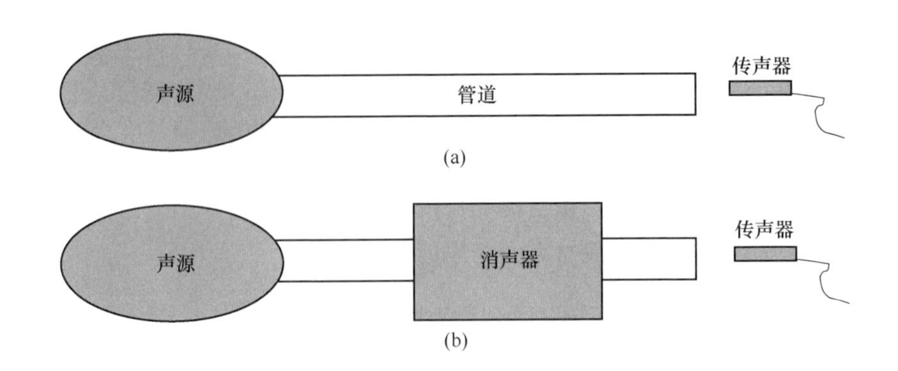

图 5.5　插入损失测量示意图
(a) 没有消声器；(b) 有消声器

插入损失以 IL 表示，用式（5.2）进行计算：

$$IL = L_{P_1} - L_{P_2} = 10\lg \frac{P_1}{P_2} \tag{5.2}$$

式中　L_{P_1}——未安装消声器时测点的声功率级，dB；

L_{P_2}——安装消声器后测点的声功率级，dB；

P_1——未安装消声器时测点的声功率，W；

P_2——安装消声器后测点的声功率，W。

插入损失是指装上消声器前后，排气口同一测点处声压级之差。

传递损失只与消声器的自身结构有关，其特点是能反映消声器本身的传递特性，而不受声源管道系统和消声器尾管的影响，即与声源和消声器出口端的声阻抗无关。而插入损失则和声源及消声器出口端的声阻抗有关，所以，传递损失和插入损失在数值上略有差别。传递损失一般用于单个声学元件的评价，插入损失则用于评价一个系统，因此，插入损失比传递损失能更好地描述一个系统的消声性能。此外，传递损失测量比较复杂，插入损失测量比较简单，一般以插入损失作为消声器消声性能的评价指标。作为汽车排气系统的消声器，希望其所能达到的插入损失值或传递损失值应该是越大越好。

5.4.2.2　降噪效果测试及分析

分别在安装了打孔闭孔泡沫铝消声器和普通扩张式消声器后，再次测量客车不同转速下的排气噪声，将其 1/3 倍频程频谱分析结果按不同转速依次示于图 5.6 ~ 图 5.8。为了更直观地看出消声器的降噪效果，将未安装排气消声器时的客车噪声频谱分析曲线同时示于图上。根据式（5.2）计算插入损失值，不同转速下的 A 计权声压级插入损失值列于表 5.1。

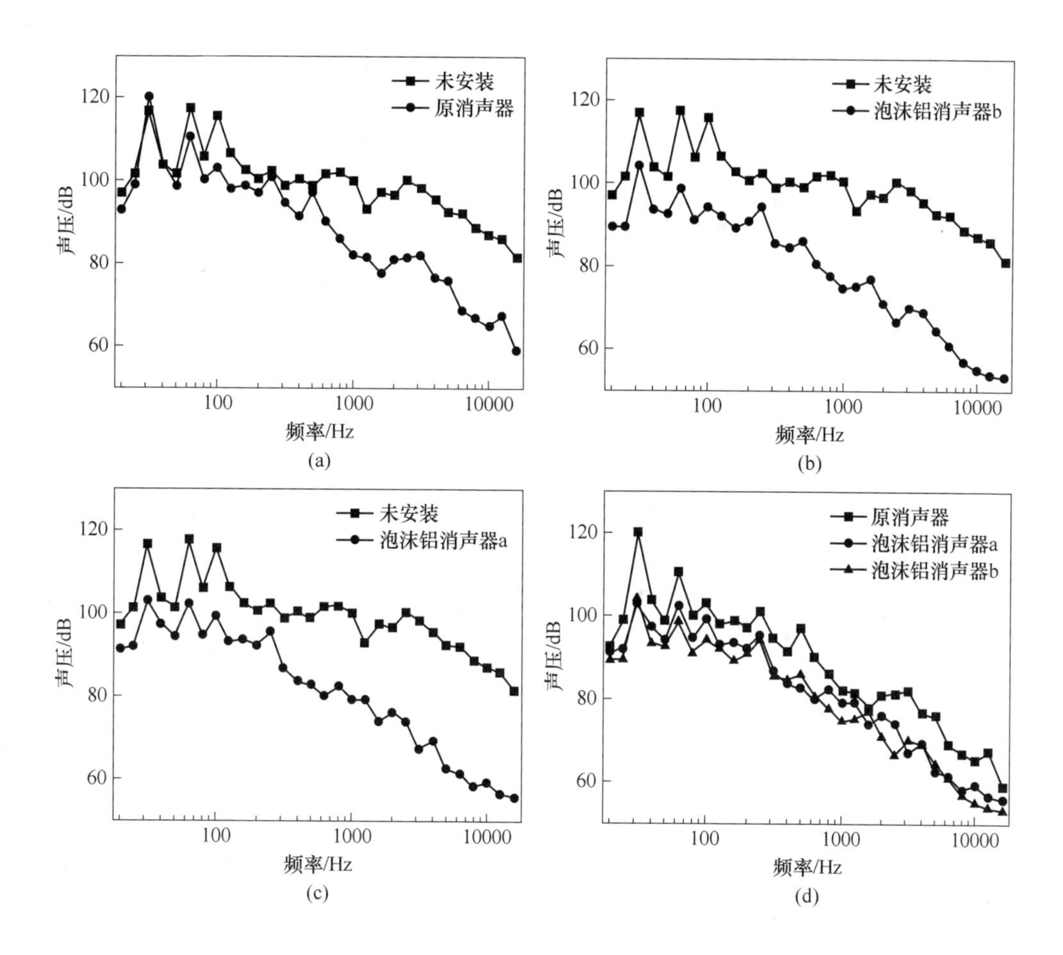

图 5.6　转速 700r/min 时客车排气消声器安装前后噪声 1/3 倍频程声压级曲线

表 5.1　客车消声器 A 计权声压级不同转速下插入损失值

转速/r · min^{-1}	插入损失值/dB		
	普通扩张式消声器	泡沫铝消声器 a	泡沫铝消声器 b
700	11	18	20
1000	12	21	22
2000	10	19	18

由图 5.6 ~ 图 5.8 可见，安装消声器之后不同转速下的噪声曲线具有相似的变化规律，即高频降噪效果好于低频。由低频到高频插入损失值越来越大，达到一定频率后，基本保持在一个稳定的水平，不再有大的变化。在整个频率段内，

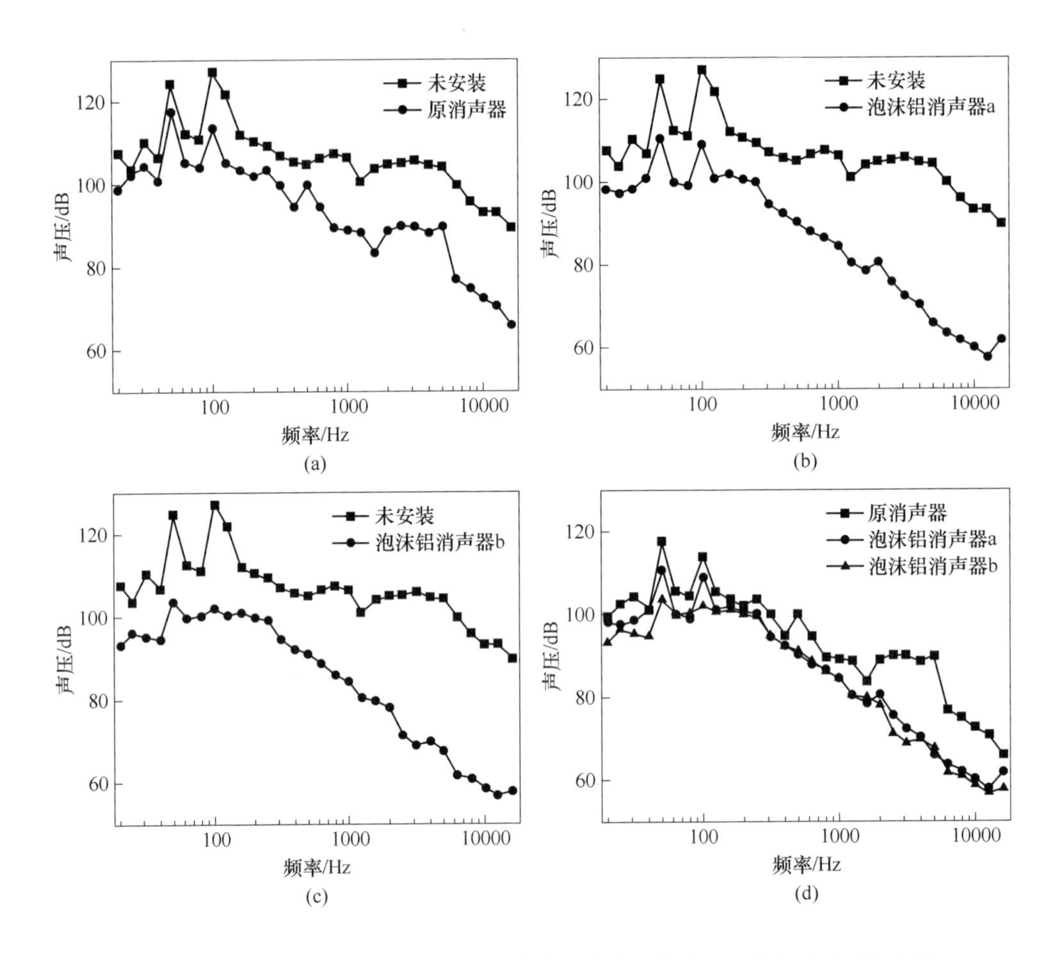

图 5.7　转速 1000r/min 时客车排气消声器安装前后噪声 1/3 倍频程声压级曲线

安装消声器后的曲线相比于未安装时都有趋于平滑的趋势。从三个图上比较闭孔泡沫铝消声器与普通扩张式消声器，可以看出，闭孔泡沫铝两种类型的消声器消声效果整体均好于普通扩张式消声器，低频优势更为突出。

表 5.1 为客车消声器的 A 计权声压级插入损失值。由表 5.1 可见，不同转速下的噪声声压级虽然差别很大，但安装闭孔泡沫铝消声器后取得的插入损失值差别不大，且都很高，可达 18～22dB，普通扩张式消声器仅为 10～12dB。比较两种类型的闭孔泡沫铝消声器，由图 5.6～图 5.8 及表 5.1 可见，无论是不同频段下的消声效果还是 A 计权声压级的插入损失值，不同转速对两种类型的闭孔泡沫铝消声器消声效果都略有影响，闭孔泡沫铝消声器 b 在 700r/min 及 1000r/min 的低转速下消声效果较好，而闭孔泡沫铝消声器 a 在 2000r/min 的高转速下消声效果更优。

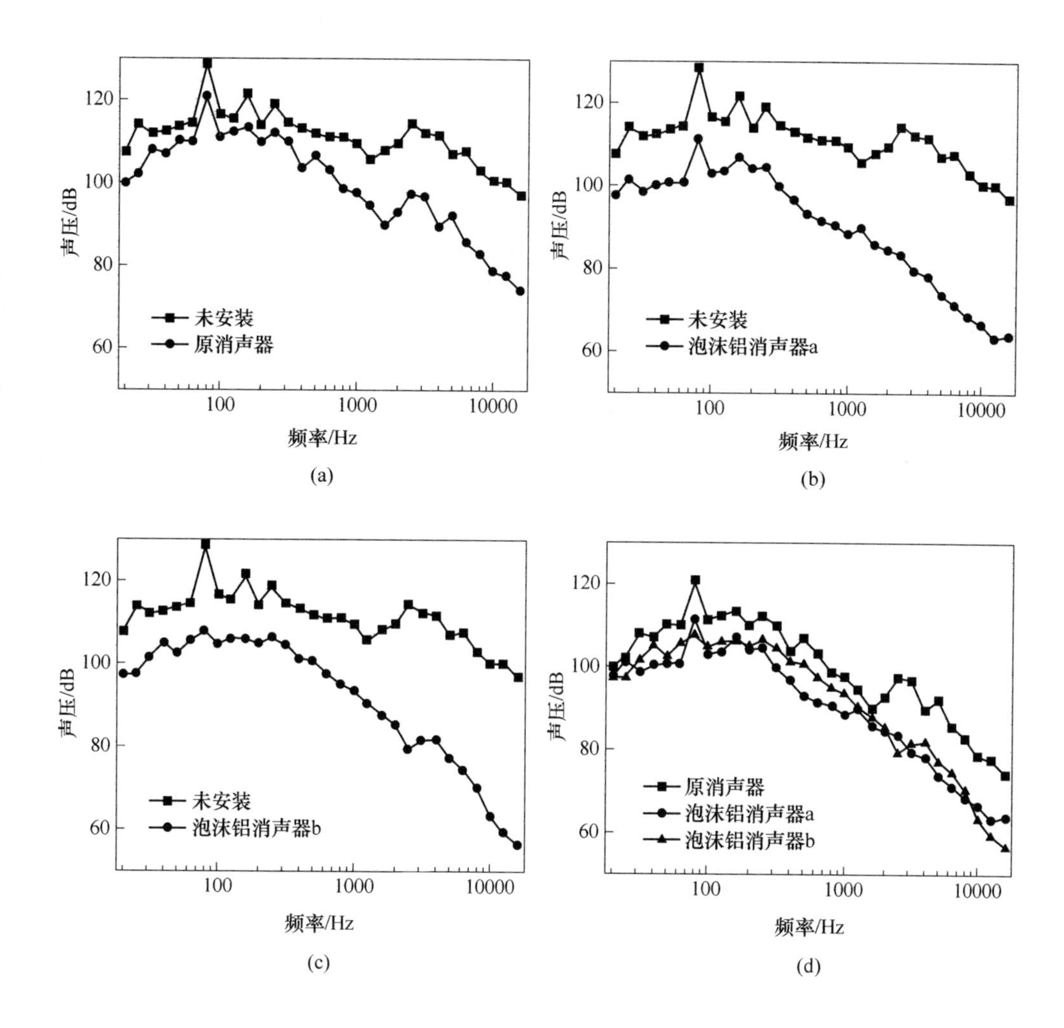

图 5.8 转速 2000r/min 时客车排气消声器安装前后噪声 1/3 倍频程声压级曲线

综上所述，对闭孔泡沫铝材料表面进行了镀镍处理，使其具有了更好的耐高温、防腐蚀性能，增加了使用安全性；不含玻璃棉、矿渣棉等多孔材料，避免了碎屑、飞沫引起的环境污染，也避免了吸湿、易潮等问题，从而延长了消声器的使用寿命。

闭孔泡沫铝本身密度小，几个圆盘串联式的主消声结构，没有复杂的腔室，整个消声器结构简单、质量轻，不会造成过高的功率损失。

将用闭孔泡沫铝材料打孔后制作的消声器应用于客车排气消声。闭孔泡沫铝消声器插入损失值的变化规律是随频率升高而增大，且随频率升高增势减缓，高频消声效果好于低频。闭孔泡沫铝消声器适应于不同转速下的使用。

两种结构的闭孔泡沫铝消声器，对于内腔增加闭孔泡沫铝套筒的消声器高转速下消声效果较好，内腔未加闭孔泡沫铝套筒的消声器低转速下消声效果较好，且低频消声效果更优。

客车闭孔泡沫铝消声器的 A 计权声压级插入损失值可达 18～22dB，客车普通扩张式消声器仅为 10～12dB，闭孔泡沫铝消声器消声效果远好于普通扩张式消声器。

6 结　论

通过对闭孔泡沫铝吸声性能的测试，得到如下结论：

（1）闭孔泡沫铝的吸声系数随频率升高先增大后减小，形成吸声系数的峰值。其吸声机理主要为表面漫反射后形成的干涉消声，结构缺陷微孔和裂纹造成的黏滞阻力和内摩擦作用，形成亥姆霍兹共振结构。共振吸声对闭孔泡沫铝进行打孔后，主要是使通孔与背腔形成一系列亥姆霍兹共振结构，通孔内部形成一部分亥姆霍兹共振结构，基于亥姆霍兹共振器原理吸声；同时，在通孔内部迂曲度的增加增强了分子弛豫效应，从而耗散声能。

（2）气孔率的变化主要是影响吸声系数的大小，而不影响吸声峰值出现的频段。吸声系数随孔隙率的增大而增大，吸声系数峰值的增大更为明显，吸声主频段未发生变化；厚度的改变主要是使吸声系数的峰值出现的频段发生了变化。随闭孔泡沫铝厚度的增加，低频区吸声系数有所增加，高频区吸声系数有所下降，吸声系数峰值由高频向低频迁移。吸声系数峰值随着厚度的增加先增大后减小，但大小变化不大，降噪系数值的大小变化也不大；气孔率相当，孔径大的闭孔泡沫铝吸声系数要比孔径小的闭孔泡沫铝吸声系数大得多，吸声系数峰值的增加更明显，但由于缺陷结构增加力学性能降低，导致应用受限。

（3）打孔之后的闭孔泡沫铝材料因为兼具几种吸声作用机理，其吸声系数比未打孔时大大提高，随着打孔率的升高，吸收峰由低频向高频迁移，吸声系数的峰值逐渐减小，半峰宽值逐渐增大，吸声主频段变宽，但过高的打孔率会导致吸声系数峰值的急剧降低，不利于吸声。

（4）具有相同打孔率的闭孔泡沫铝试样随打孔孔径增大，吸收峰由低频向高频迁移。太小的打孔孔径会导致吸声峰值的下降，太大的打孔孔径会使峰宽变窄，都不利于吸声，综合来看 1.5～2.5mm 左右的打孔孔径是比较理想的。

（5）背后空腔深度的变化引起吸收峰的变化，随背后空腔深度的增加吸收峰由高频向低频迁移，吸声峰值的大小未见明显变化，这主要基于背后空腔深度的类厚度效应和共振频率与背后空腔深度成反比的规律。

（6）对闭孔泡沫铝进行打孔后的孔排列方式的不同对于吸声效果并无太大的影响，吸声系数峰值非常接近，吸声曲线形状基本一致，吸声峰值出现的位置也基本一致，降噪系数、半峰宽值、吸声峰值均未受到孔排列方式的影响。在实际应用中，可以根据需要和所具备的条件对打孔方式任选其一。

(7) 对打孔闭孔泡沫铝试样进行两两组合，组成双层共振结构后吸声系数峰值、降噪系数、半峰宽值都得到很大提高，且出现双峰现象，在较宽的频段范围内都可以得到很好的吸声效果。比较几种组合的效果，认为将吸收峰在低频的试样置于前端，吸收峰在高频的试样置于后端是更有利于提高吸声系数的组合方式。在工程设计中采用串联组合的打孔闭孔泡沫铝板，可以得到更佳的吸声效果。

(8) 不同打孔率的闭孔泡沫铝，无论打孔率大小，表面覆盖软质吸声布后其高频吸声系数均得到提高，低频变化不大，吸声系数峰值及峰形均未受到软质吸声布的影响。在实际应用中，如需要表面装饰布或幕帘，可以直接覆盖于闭孔泡沫铝表面。

(9) 将铝板与闭孔泡沫铝板复合，组成双层共振结构后，吸声系数曲线均出现双峰，吸收峰的中心频率相对于单测时发生了移动，低频吸声系数较未复合时大大提高，整体吸声系数都有所提高，吸声效果略差于双层打孔闭孔泡沫铝板复合；当铝板紧贴闭孔泡沫铝放置时，会导致吸声系数略有降低，但随铝板打孔率的升高整体吸声系数又逐渐升高，铝板对吸声峰值出现的位置影响不大，即加铝板的复合结构不改变吸声主频段。

(10) 在打孔闭孔泡沫铝板后添加不同厚度的玻璃棉，进行吸声系数测试发现，吸声峰值与降噪系数随玻璃棉厚度增加均逐渐增大，半峰宽值反倒随玻璃棉厚度增加而减小，但两者的变化值都不大。玻璃棉产生的主要影响是使吸收峰由高频向低频迁移，对于这一效果，通过厚度、背后空腔深度或打孔率的调整也可实现，玻璃棉本身的吸湿、吸潮及环境污染问题，使其实际应用受限，添加玻璃棉弊大于利，在产品设计中不建议使用这样的结构。

闭孔泡沫铝声屏障设计及安装前后噪声测试结果如下：

(1) 根据敏感点处噪声的频谱分析结果，结合闭孔泡沫铝的吸声特性，设计了相应的吸声结构，即采用孔隙率88.9%，厚度10mm，打孔率3%的闭孔泡沫铝吸声板，声屏障结构上部为弧形泡沫铝吸声箱，下部为直板形泡沫铝吸声箱，箱体尺寸为800mm×2000mm×80mm。吸声箱正面安装厚度为10mm的打孔闭孔泡沫铝板，背面为镀锌钢板，其间为70mm厚空气层，中部为PVB安全玻璃。

(2) 采用直接法，对泡沫铝声屏障安装前后两敏感点处受声点和参考点的声压级进行24h连续测量，求得其插入损失在12.1～13.3dB之间，满足目标降噪量的要求。根据噪声频谱分析结果，降噪效果低频更优。

客车消声器设计及安装前后噪声测量结果如下：

(1) 闭孔泡沫铝本身密度小，几个圆盘串联式的主消声结构，没有复杂的腔室，使整个消声器结构简单、质量轻，不会造成过高的功率损失。对闭孔泡沫铝材料表面进行了镀镍处理，具有了更好的耐高温、防腐蚀性能，增加了使用安全性；不含玻璃棉、矿渣棉等多孔材料，避免了碎屑、飞沫引起的环境污染，也避免了吸湿、易潮等问题，从而延长了消声器的使用寿命。

（2）以闭孔泡沫铝材料打孔后制作的消声器应用于客车排气消声。闭孔泡沫铝消声器插入损失值的变化规律都随频率升高而增大，且随频率升高增势减缓，高频消声效果好于低频。闭孔泡沫铝消声器适应于不同转速下的使用。

（3）闭孔泡沫铝客车排气消声器，对于内腔增加闭孔泡沫铝套筒的消声器高转速下消声效果较好，内腔未加闭孔泡沫铝套筒的消声器低转速下消声效果较好，且低频消声效果更优。

（4）客车闭孔泡沫铝消声器的 A 计权声压级插入损失值可达 18 ~ 22dB，客车普通扩张式消声器仅为 10 ~ 12dB，闭孔泡沫铝消声器消声效果远好于普通扩张式消声器。

参考文献

[1] Gibson L J, Ashby M F. Cellular solids: structure and properties [M]. Cambridge Univ. Press, 1999.

[2] Banhart J. Manufacture, characterisation and application of cellular metals and metal foams [J]. Progress in Materials Science, 2001, 46 (6): 559 - 632.

[3] Gama B A, Bogetti T A, Fink B K, et al. Aluminum foam integral armor: A new dimension in armor design [J]. Composite Structures, 2001, 52 (3 - 4): 381 - 395.

[4] Baumeister J, Banhart J, Weber M. Aluminium foams for transport industry [J]. Materials and Design, 1997, 18 (4 - 6): 217 - 220.

[5] Ashby M F, Evans A G, Fleck N A, et al. Metal foams: A design guide [M]. Elsevier, 2000.

[6] Kovacik J, Simancik F. Aluminum foam-modulus of elasticity and electrical conductivity according to percolation theory [J]. Scripta Mater, 1998, 39 (2): 239 - 246.

[7] Kovacik J. Electrical conductivity of two-phase composite material [J]. Acta Mater, 1998, 39 (2): 153 - 157.

[8] Feng Y, Zheng H W, Zhu Z G. The microstructure and electrical conductivity of aluminum alloy foams [J]. Materials Chemistry and Physics, 2002, 78: 176 - 201.

[9] 大卫·韦斯顿. 电磁兼容原理与应用 [M]. 北京: 机械工业出版社, 2006.

[10] 田庆华, 李钧, 郭学益. 金属泡沫材料的制备及应用 [J]. 电源技术, 2008, 32 (6): 417 - 420.

[11] 凤仪, 郑海务, 朱震刚, 等. 闭孔泡沫铝的电磁屏蔽性能 [J]. 中国有色金属学报, 2004, 14 (1): 33 - 36.

[12] 尉海军, 姚广春, 李兵, 等. Al-Si 闭孔泡沫铝电磁屏蔽效能 [J]. 功能材料, 2006, 37 (8): 1239 - 1241.

[13] 凤仪, 朱震刚, 陶宁, 等. 闭孔泡沫铝的导热性能 [J]. 金属学报, 2003, 39 (8): 817 - 820.

[14] 尉海军. 闭孔泡沫铝声学、力学等性能的研究 [D]. 沈阳: 东北大学, 2007.

[15] 左孝青, 孙加林. 泡沫金属的性能及应用研究进展 [J]. 昆明理工大学学报 (理工版), 2005, 30 (1): 13 - 17.

[16] 王月, 王政红, 付自来. 新型船用吸声材料泡沫铝 [J]. 中国造船, 2002, 43 (4): 63 - 68.

[17] Krois M, Dilger L, Bohm S, et al. International Journal of Adhesion & Adhesives, 2003 (23): 413 - 425.

[18] Gergely V, Clyne B. The FORMGRIP process: Foaming of reinforced metals by gas release in precursors [J]. Advanced Engineering Materials, 2000, 2 (4): 175 - 178.

[19] Maeda , et al. US 5094318 [P]. 1992, 03, 10.

[20] Banhart J, Weaire D. On the road again: Metal foams find favor [J]. Physics Today, 2002, 55: 37 - 42.

[21] 刘培生. 多孔材料引论 [M]. 北京: 清华大学出版社, 2004.

[22] 王萍萍，于英华．泡沫铝的性能研究及其在汽车制造业上的应用［J］．煤矿机械，2003，11：77－79.
[23] 鲁彦平．汽车保险杠用泡沫金属铝的能量吸收特性［J］．汽车技术，1999，12：31－33.
[24] 赵万祥，赵乃勤，郭新权．新型功能材料泡沫铝的研究进展［J］．金属热处理，2004，29（6）：7－11.
[25] 陈祥，李言祥．金属泡沫材料的研究进展［J］．材料导报，2003，17（5）：5－8.
[26] Karsten StÊbener, Joachim Baumeister, Gerald Rausch, et al. Forming metal foams by simp ler methods for cheaper solutions［J］. Metal Powder Report, 2005, 60（1）: 12－16.
[27] 王录才，曾松岩，王芳．预制体制备方式对 PCM 法泡沫铝发泡行为的影响［J］．中国有色金属学报，2007，17（7）：1135－1142.
[28] 赵玉园．制备泡沫铝的一种新方法：烧结溶解法［J］．世界科技研究与发展，2003，25（1）：66－71.
[29] 赵红军，穆年孔，于乐海．泡沫陶瓷的研制［J］．现代技术陶瓷，2005（2）：13－15.
[30] 李晶，胡治流．泡沫铝的研究［J］．材料导报，2004，18（1）：286－289.
[31] 赵万祥，赵乃勤，郭新权．新型功能材料泡沫铝的研究进展［J］．金属热处理，2004，29（6）：7－11.
[32] 许庆彦，陈玉勇，李庆春．多孔泡沫金属的研究现状［J］．铸造设备研究，1997（1）：18－24
[33] 孙伟成，武小娟．电沉积泡沫铝［J］．金属功能材料，2003，10（2）：19－21.
[34] 常富华，张流强．金属泡沫 Al 激光靶的研制［J］．原子能科学技术，1999，33（4）：309－313.
[35] 余东梅．泡沫铝材的生产及工艺研究进展［J］．铝加工，2004（2）：24－26.
[36] 姜斌，刘怿欢，司永宏．添加造孔剂法制备开孔泡沫铝及其性能研究［J］．金属热处理，2007，22（3）：33－35.
[37] 左孝青，周芸译．多孔泡沫金属［M］．北京：化学工业出版社，2005.
[38] 郭志强．粉末致密化制备泡沫铝材料的研究［D］．沈阳：东北大学，2008.
[39] Matijasevic-Lux B, Banhart J, Fiechter S. Modification of titanium hydride for improved aluminium foam manufacture［J］. Acta Materialia, 2006, 54: 1887－1900.
[40] Baumgärtner F, Duarte I, Banhart J. Industrialization of powder compact foaming process［J］. Advanced Engineering Materials, 2000, 2（4）: 168－174.
[41] 徐方明，王倩，许庆彦，等．熔体吹气发泡法制备泡沫铝的试验研究［J］．特种铸造及有色合金，2007，27（7）：563－565.
[42] 王倩，徐方明，许庆彦，等．熔体吹气发泡制备泡沫铝研究［J］．铸造，2007，56（8）：814－818.
[43] Bastawros A F, Manuis R. Use of digital image analysis software to measure non-uniform deform action in cellular aluminum alloys［J］. Exp Tech, 1998, 22: 35－37.
[44] 王永，姚广春，李兵，等．粉煤灰增粘制备泡沫铝的研究［J］．铸造，2007，56（6）：639－641.
[45] 李兵．熔体直接发泡法制备纯铝基泡沫铝材料的研究［D］．沈阳：东北大学，2008.

[46] 王永. 粉煤灰颗粒增强泡沫铝的制备及性能研究 [D]. 沈阳: 东北大学, 2008.
[47] 曹卓坤. 碳纤维复合泡沫铝材料的研究 [D]. 沈阳: 东北大学, 2008.
[48] 李子全, 吴炳尧, 赵子文. 渗流铸造法制备 ZL104 泡沫铝合金 [J]. 特种铸造及有色合金, 1997 (1): 1-3.
[49] 程桂萍, 陈锋, 何德坪. 用渗流法制备通孔泡沫金属时几个工艺因素的探讨 [J]. 铸造, 1997 (2): 1-4.
[50] 何德坪, 马立群, 余兴泉. 新型通孔泡沫铝的传热性质 [J]. 材料研究学报, 1997, 11 (4): 431-434
[51] 宋振纶, 何德坪. 铝熔体泡沫形成过程中粘度对孔结构的影响 [J]. 材料研究学报, 1997, 11 (3): 275-279
[52] 王斌, 何德坪, 舒光冀. 铝合金泡沫化过程中影响成核的两个工艺因素对孔结构的影响 [J]. 铸造, 1998 (4): 8-11.
[53] 王磊, 姚广春, 张晓明, 等. 粉末冶金泡沫铝发泡参数及准静态压缩性能 [J]. 东北大学学报 (自然科学版), 2010, 31 (2): 221-224.
[54] 王磊, 姚广春, 罗洪杰, 等. Mg 粉添加量对泡沫铝发泡行为的影响 [J]. 中国有色金属学报, 2010, 20 (7): 1339-1345.
[55] 王磊, 姚广春, 罗洪杰, 等. 粉末冶金泡沫铝泡孔演化的研究 [J]. 东北大学学报 (自然科学版), 2010, 31 (6): 864-867.
[56] 王磊, 姚广春, 马佳, 等. 压制方式对闭孔泡沫铝泡孔结构的影响 [J]. 东北大学学报 (自然科学版), 2010, 31 (3): 406-410.
[57] Chen F, Zhang D, He D. Control of the degree of pore-opening for porous metals [J]. Journal of Materials Science, 2001, 36: 669-672.
[58] Baumeister J, Banhart J, Weber M. German Patent DE 4426627. 1997.
[59] 韩福生. 一种新型的物理功能材料——泡沫铝 [J]. 中外技术情报, 1996, 6: 3-6.
[60] 武小娟, 孙伟成, 隋志成. 泡沫铝的制备与应用 [J]. 新技术新工艺·材料与表面处理, 2002, 4: 49-51.
[61] Ashby M F, Evans A G. Metal Foams. A Design Guide [M]. Boston: B-H press, 2000: 10.
[62] Gibson L J, Ashby M F. Cellular Solids-Structure and Properties [M]. Second Edition. Cambridge: Cambridge University Press, 1999. 12.
[63] Banhart J, Ashby M F, Fleck N A. Metal Foams and Porous Metal Structures [C] //International Conference on Metal Foams and Porous Metal Structures. Bremen: Verlag MIT, 1999.
[64] Banhart J, Ashby M F, Fleck N A. Cellular Metals and Metal Foaming Technology [C] //International Conference on Cellular Metals and Metal Foaming Technology. Bremen: Verlag MIT, 2001.
[65] 吴照金, 何德坪. 泡沫铝凝固过程中孔隙率的变化 [J]. 科学通报, 2000, 45 (8): 829-835.
[66] 杨东辉, 何德坪. 多孔铝合金的孔隙率 [J]. 中国科学 (B), 2001, 3 (3): 265-271.
[67] 杨东辉. 多孔铝合金的孔隙率及压缩性能 [D]. 南京: 东南大学, 2001.

[68] Banhart J. Manufacture, characterization and application of cellular metals and metal foams [J]. Progress in Materials Science, 2001, 46: 559 - 632.

[69] Chan N, Evans K E. Microscopic examination of the microstructure and deformation of conventional and auxetic foams [J]. Journal of Materials Science, 1997, 32: 5725 - 5736.

[70] 周世权, 沈豫立, 程晓敏. 颗粒增强铝基复合材料的搅熔复合工艺及机制 [J]. 武汉汽车工业大学学报, 1997, 19 (1): 29 - 33.

[71] 盛美萍, 等. 噪声与振动控制技术基础 [M]. 北京: 科学出版社, 2001: 115 - 116.

[72] 赵维民, 马彦东, 侯淑萍. 泡沫金属的发展现状研究与应用 [J]. 河北工业大学学报, 2001, 30 (3): 50 - 55.

[73] Yu H J, Guo Z Q, Li B, et al. Research into the effect of cell diameter of aluminum foam on its compressive and energy absorption properties [J]. Materials Science and Engineering A, 2007 (25): 542 - 546.

[74] 陈文革, 张强. 泡沫金属的特点、应用、制备与发展 [J]. 粉末冶金工业, 2005, 15 (2): 37 - 42.

[75] 程和法, 黄笑梅, 唐玉志, 等. 泡沫铝冲击衰减特性的研究 [J]. 兵器材料科学与工程, 2002, 25 (3): 5 - 7.

[76] 鲁彦平. 汽车保险杠用泡沫金属铝的能量吸收特性 [J]. 汽车技术, 1999, 12: 31 - 33.

[77] Yu H J, Yao G C, Wang X L, et al. Research on sound insulation property of Al-Si closed-cell aluminum foam bare board material [J]. Transaction of Nonferrous Metals Society of China, 2007, 17 (1): 93 - 98.

[78] Yu H J, Li B, Yao G C, et al. Sound absorption and insulation property of closed-cell aluminum foam [J]. Transaction of Nonferrous Metals Society of China, 2006, 16 (3): 1383 - 1387.

[79] 程和法, 黄笑梅, 薛国宪, 等. 冲击波在泡沫铝中的传播和衰减特性 [J]. 材料科学与工程学报, 2004, 22 (1): 78 - 81.

[80] 刘建英, 李振军. 泡沫铝的吸声性能及其在机床降噪中的应用 [J]. 机械工程师, 2008 (3): 73 - 75.

[81] 方正春, 马章林. 泡沫铝在噪声控制中的应用 [J]. 材料开发与应用, 1999, 14 (4): 42 - 46.

[82] 齐共金, 杨盛良, 赵恂. 泡沫吸声材料的研究进展 [J]. 材料开发与应用, 2002, 17 (5): 40 - 44.

[83] Lu T J, Hess A, Ashby M F. Sound absorption in metallic foams [J]. Journal of Applied Physics, 1999, 85 (11): 7528 - 7539.

[84] 王月. 泡沫铝的吸声特性及影响因素 [J]. 材料开发与应用, 1999, 14 (4): 15 - 18.

[85] 王月. 压缩率和密度对泡沫铝吸声性能的影响 [J]. 机械工程材料, 2002, 26 (3): 29 - 31.

[86] Han Fusheng, Seiffert Gary, Zhao Yuyuan, et al. Acoustic absorption behaviour of an open-celled aluminium foam [J]. Appl Phys, 2003, 36: 294 - 302.

[87] 金卓仁. 泡沫金属吸声材料的研究 [J]. 噪声与振动控制, 1993, 6 (3): 31 - 35.

[88] 赵庭良，徐连棠，李道韫，等．泡沫铝的吸声特性 [J]．内燃机工程，1995，16 (2)：55 - 59.

[89] 程桂萍，陈宏灯，何德坪，等．多孔铝的声学性能 [J]．东南大学学报，1998，28 (6)：169 - 172.

[90] 程桂萍，陈宏灯，何德坪，等．孔结构对多孔铝吸声性能的影响 [J]．机械工程材料，1999，23 (5)：30 - 32.

[91] 程桂萍，陈宏灯，何德坪，等．多孔铝在不同介质中的吸声性能 [J]．噪声与振动控制，1998，(5)：29 - 31.

[92] 许庆彦，陈玉勇，李庆春．铸造多孔铝合金的吸声性能 [J]．中国有色金属学报，1998，8 (4)：611 - 616.

[93] 陆晓军，黄晓锋，李道韫．泡沫铝板组合与配置对吸声特性的影响 [J]．吉林工业大学自然科学学报，1999，29 (96)：48 - 52.

[94] Lu T J，Chen F，He D P. Sound absorption of cellular metals with semi-open cells [J]. The Journal of The Acoustical Society of America，2000，108 (4)：1697 - 1709.

[95] 王月．孔结构对通孔泡沫铝水声吸声性能的影响 [J]．材料开发与应用，2001，16 (4)：16 - 18.

[96] 钟祥璋．泡沫铝吸声板的材料特性及应用 [J]．新型建筑材料，2002 (8)：51 - 53.

[97] 蒂吉斯切 HP，克雷兹特 B，等．多孔泡沫金属 [M]．左孝青，周芸，译．北京：化学工业出版社，2005.

[98] 杨振海，罗丽芬，陈开斌．泡沫铝技术的国内外进展 [J]．轻金属，2004 (6)：3 - 6.

[99] 吴梦陵，张绪涛．泡沫铝合金在排气消声器中的应用 [J]．机械工程材料，2003，27 (10)：47 - 48.

[100] 于英华，刘建英，徐平．泡沫铝材料在机床工作台中的应用研究 [J]．煤矿机械，2004 (7)：20 - 21.

[101] 于英华，梁冰，王萍萍．泡沫铝机床工作台的性能研究 [J]．机械，2004，31 (9)：4 - 6.

[102] 王政红．新型降噪材料——泡沫铝在船舶上的应用 [C] //2004 年中国材料研讨会论文摘要集，2004.

[103] 王政红，李峰，金建新，等．3000HP/4000HP 沙特拖轮的噪声与振动控制 [J]．噪声与振动控制，2002 (6)：39 - 41.

[104] 何琳，朱海潮，邱小军，等．声学理论与工程应用 [M]．北京：科学出版社，2006：120 - 125.

[105] 周涌麟，李树珉．汽车噪声原理、检测与控制 [M]．北京：中国环境科学出版社，1992.

[106] 马大猷．亥姆霍兹共鸣器 [J]．声学技术，2002，21 (1 - 2)：2 - 3.

[107] 马大猷，沈豪．声学手册 [M]．北京：科学出版社，2004.

[108] 武博，赵冬梅，任永霞．噪声污染危害与控制 [J]．黑龙江环境通报，2004，28 (2)：66 - 67.

[109] 奚旦立，孙裕生，刘秀英．环境监测 [M]．北京：高等教育出版社，1996：242.

[110] 张卷舒，金虹．人居声环境质量及改善措施 [J]．哈尔滨师范大学自然科学学报，2006，22 (4)：38 - 41.

[111] 方舟群，王文奇，孙家麒．噪声控制 [M]．北京：北京出版社，1986：419 - 420.

[112] 李耀中．噪声控制技术 [M]．北京：化学工业出版社，2001.

[113] 任文堂，郄维周．交通噪声及其控制 [M]．北京：人民交通出版社，1984.

[114] 张鹏飞，姚成．高速公路与城市道路沿线交通噪声对环境的污染分析 [J]．城市环境与城市生态，1999，12 (3)：29 - 31.

[115] 中华人民共和国交通部公路建设项目环境影响评价规范（试行）．JTJ 005—96 ：9 - 11.

[116] 曹伟．城市道路声屏障发展述评 [J]．郑州大学学报（自然科学版），1998，30 (1)：32 - 38.

[117] 张玉芬．道路交通环境工程 [M]．北京：人民交通出版社，2001.

[118] 吴霖．城市道路声屏障的研究与设计 [D]．合肥：合肥工业大学，2003.

[119] 孙志强．有限长公路声屏障 [D]．西安：长安大学，2001.

[120] 梁艳．公路桥梁交通噪声及其控制研究 [D]．西安：长安大学，2003.

[121] 刘书套．高速公路环境保护与绿化 [J]．北京：人民交通出版社，2001.

[122] 董玉梅．谈高速公路噪声控制的方法与措施 [J]．工程建设与设计，2002 (5)：30 - 31.

[123] 国家环保局．声屏障声学设计和测量规范 [M]．北京：中国环境出版社，2005.

[124] Babcsán N, Leitlmeier D, Degischer H P, et al. The role of oxidation in blowing particle-stabilised aluminium foams [J]. Advanced Engineering Materials, 2004, 6 (6): 421 - 428.

[125] Yu H J, Yao G C, Liu Y H, et al. Sound absorption property of closed-cell aluminum foam [C] // TMS Annual Meeting, Aluminum Alloys for Transportation Packaging, Aerospace and Other Applications, 2007: 213 - 218.

[126] 曹伟，薛玉宝，杨昕．国内外道路声屏障的研究与发展 [J]．四川建筑科学研究，1999 (4)：56 - 59.

[127] 卢向明．道路声屏障声学特性与声学设计研究 [D]．杭州：浙江大学，2004.

[128] 冯苗锋，吕玉恒．吸声材料的市场需求及发展趋势探讨 [J]．噪声振动与控制，2007，5 (10)：9 - 12.

[129] 吕玉恒．噪声与振动控制设备及材料选用手册 [M]．北京：机械工业出版社，1999.

[130] 钟祥璋．建筑吸声材料与隔声材料 [M]．北京：化学工业出版社，2005.

[131] 高玲，尚福亮．吸声材料的研究与应用 [J]．化工时刊，2007，21 (2)：63 - 66.

[132] 苑改红，王宪成．吸声材料研究现状与展望 [J]．机械工程师，2006，17 (6)：17 - 19.

[133] 李海涛，朱锡，石勇，等．多孔性吸声材料的研究进展 [J]．材料科学与工程学报，2004，22 (6)：935 - 938.

[134] 毛东兴，洪宗辉．聚氰胺酯泡沫材料吸声性能及其低频拓展 [J]．噪声与振动控制，1999 (2)：27 - 30.

[135] 钱军民，李旭祥．聚合物基复合泡沫材料的吸声机理 [J]．噪声与振动控制，2000 (2)：42 - 43.

[136] 钱军民，李旭祥．橡塑型泡沫吸声材料的研究 [J]．功能高分子学报，2000，13 (3)：309－311.
[137] 倪敏化．消声器原理及其工程应用 [J]．噪声控制，2006：55－57.
[138] 石晓晖，余成波．消声器的研究与试验方法 [J]．试验与研究，1997，3：46－50.
[139] 杨国俊．大尺寸泡沫铝材料制备及应用的研究 [D]．沈阳：东北大学，2008.
[140] 刘欢．泡沫铝表面电镀镍及性能测试 [D]．沈阳：东北大学，2010.
[141] 马大猷．噪声与振动控制工程手册 [M]．北京：机械工业出版社，2002.
[142] 许肖梅．声学基础 [M]．北京：科学出版社，2003.
[143] 杨满宏．声屏障对公路交通噪声衰减理论模型的研究 [J]．交通环保，1996，17 (6)：17－19.
[144] 俞悟周．高架道路声屏障的降噪效果 [J]．环境工程学报，2008，2 (6)：844－847.
[145] 任文堂．现代城市防噪声屏障的发展现状和应用展望 [J]．城市管理与科技，2000，2 (2)：28－30.
[146] 张明照．交通声屏障声衰减计算与设计 [D]．北京：首都经济贸易大学，2001.
[147] 韩运强．噪声治理工程——声屏障设计 [J]．工程建设与设计，2004 (4)：12－14.
[148] John E K. Foreman P E. Sound analysis and noise control [M]. New York：Van Nostrand Reinhold，1990：101－105.
[149] 冯晓，李方，邓学钧．道路声屏障设计的一种 CAD 方法 [J]．中国公路学报，1997，10 (4)：33－38.
[150] Rufin Makarewicz. Barrier attenuation in terms of a-weighted sound exposure level [J]. Acoust Soc Am，1992，91 (3)：1501－1510.
[151] 杨满宏．扩散反射型与吸声共振型公路声屏障 [J]．公路，1996 (5)：26－29.
[152] Cyril M H. Hand book of noise control (Second edition) [M]. New York：Mcgr hill book company，1979.
[153] Morgan P A，Hothersall D C. Influence of shape and absorbing suface-a numeri study of railway noise barriers [J]. Journal of Sound and virberation，1998，217 (3)：405－417.
[154] 孙广荣．吸声、隔声材料和结构浅说 [J]．艺术科技，2001 (3)：12－17.
[155] 朱立鹏，马申易．高架轨道交通声屏障设计简述 [J]．地下工程与隧道，2005 (2)：14－16.
[156] 张彬，宋雷鸣，张新华．城市道路声屏障研究与设计 [J]．噪声与振动控制，2004，4 (8)：32－36.
[157] 蒋伟康，陈光冶，朱振江，等．轨道交通的声屏障技术研究 [J]．噪声与振动控制，2001，1 (2)：29－32.
[158] 黎志勤，黎苏．汽车排气系统噪声与消声器设计 [M]．北京：中国环境科学出版社，1991.
[159] 李宁．汽车排气消声器消声性能及其数值分析研究 [D]．重庆：重庆交通大学，2008.
[160] 方丹群．空气动力性噪声与消声器 [M]．北京：科学出版社，1978：124－150.
[161] 田翠翠．乘用车排气消声器的设计开发 [D]．武汉：武汉理工大学，2010.
[162] 庞剑，谌刚，何华．汽车噪声与振动 [M]．北京：北京理工大学出版社，2006：

422 - 423.

[163] 朱孟华. 内燃机振动与噪声控制 [M]. 北京: 国防工业出版社, 1995: 143 - 185.

[164] 林逸, 马天飞, 姚为民. 汽车 NVH 研究特性综述 [J]. 汽车工程, 2002, 243: 177 - 182.

[165] 刘剑, 罗虹, 邓兆祥, 等. 汽车排气消声器的实验与改进设计 [J]. 重庆大学学报. 2003, 26 (3): 126 - 129.

[166] 石晓晖, 余成波. 消声器的研究与试验方法 [J]. 试验与研究, 1997, 3: 46 - 50.

[167] 倪计民. 汽车内燃机原理 [M]. 上海: 同济大学出版社, 1996: 232 - 251.

[168] 庞剑, 谌刚, 何华. 汽车噪声与振动 [M]. 北京: 北京理工大学出版社, 2006: 250.

[169] 孟德洋. 轿车消声器声学特性仿真研究 [D]. 吉林: 吉林大学, 2007.

[170] 郑殿民, 任越光, 李向雷, 等. 汽车排气消声器的设计 [J]. 现代机械, 2006 (5): 80 - 82.

[171] Eghtesadi K H, Crardner J W. Design of an Active Muffler for Internal Combustion Engine [C] //Noise Control Foundation. Poughkeepsie, NY USA, 1989: 471 - 474.

[172] 宋进桂. 先进的排气消声技术 [J]. 国外内燃机, 1994 (1): 55 - 60.

[173] Krause P, Weltens H. Advanced Exhaust Silencing [J]. Automotive Engineering, 1993, 2: 13 - 16.

[174] Krause P, Weltens H. Advanced Design of Automotive Exhaust Silencer Systems [R]. SAE Paper 922088.

[175] Suyama E, Inabra M, Mashin R. Characteristics of Dual Mode Mufflers [C]. SAE Paper 890612.

[176] Charles B, Birdsong Clark, J. Radcliffe. A Smart Helmholtz Resonator [C]. Progress IMECE Dallas, 1997: 1 - 7.

[177] MATSUHISA Hiroshi, REN Baosheng, SATO Susumu. Semiactive Control of Duct Noise by a Volume-Variable Resonator [J]. JSME International Journal, 1992, 35 (2): 223 - 228.

[178] De Bedout M J M, Franchek R A , Bernhard J, et al. Adaptive-Passive Noise Control with Self-Tuning Helmholtz Resonators [J]. Journal of Sound and Vibration, 1997, 202 (1): 109 - 123.

[179] Theodorem, Kostek Matthewa, Franchek. Hybrid Noise Control in Dudcts [J]. Journal of Sound and Vibration, 2000, 237 (1): 81 - 100.

[180] Tanaka Takeharu, Li keqiang. An Active Muffler for Medium Duty Diesel Vehicles Considering Acceration Characteristics [J]. Technical Notes/JSAE Review, 2000, 21: 576 - 578.

[181] Raghunathan S, Kim H D, Setoguchi T. Impulse Noise and its Control [J]. Sci, 1998, 34: 31 - 44.

[182] Kim Heung Seob, Hong Jin Seok, Sohn Dong Goo, et al. Development of an Active muffler System for Reducing Exhaust Noise and Flow Restriction a Heavy Vehicle [J]. Noise Control Engineering Journal, 1999, 47 (2): 57 - 63.

[183] 郭文勇, 黄映石, 朴甲哲. 柴油机排气噪声有源控制的实验研究 [J]. 内燃机学报, 2001, 19 (1): 39 - 42.

[184] Tsuyoshi Usagawa, Hideo Furkawa, Yoshitaka Nishimura, et al. Active Control of Engine Exhaust Noise Using Motional Feedback Loudspeaker [C] //Second Conference on Recent Advances in Active Control of Sound and Vibration, 1993: 837 -847.

[185] DAVIES P O A L. Piston Engine Intake and Exhaust System Design [J]. Journal of Sound and Vibration, 2006, 97 (2): 761 -773.

[186] Maraia Cuesta, Pedro Cobo. Active Control of the Exhaust Noise Radiated by an Enclosed Generator [J]. Applied Acoustics, 2000: 83 -94.

[187] 李径定, 方卓毅, 罗永革. 一台高强化柴油机排气噪声有源控制实验研究 [J]. 噪声与振动控制, 2001, 4: 14 -17.

[188] 吴斌. 发动机排气自适应有源消声关键技术的研究 [D]. 北京: 北京工业大学, 2001.

附　　录

附录1　专利　加空腔的多层开孔泡沫铝板吸声结构

权利要求书：

1. 加空腔的多层开孔泡沫铝板吸声结构，其特征在于，包括设置在壁板（1）一侧的若干层开孔泡沫铝板（2），壁板（1）与开孔泡沫铝板相互平行，壁板（1）与与其相邻的开孔泡沫铝板之间以及各开孔泡沫铝板（2）之间均设有空气层（3）。

2. 根据权利要求1所述的加空腔的多层开孔泡沫铝板吸声结构，其特征在于，所述开孔泡沫铝板（2）的厚度为4~12mm。

3. 根据权利要求1所述的加空腔的多层开孔泡沫铝板吸声结构，其特征在于，所述空气层（3）的厚度为30~60mm。

4. 根据权利要求1所述的加空腔的多层开孔泡沫铝板吸声结构，其特征在于，所述空气层（3）的厚度与开孔泡沫铝板（2）的厚度的比值为0~15。

5. 根据权利要求1所述的加空腔的多层开孔泡沫铝板吸声结构，其特征在于，所述开孔泡沫铝板（2）的气孔率为66%~75%。

6. 根据权利要求1~5任意一项所述的加空腔的多层开孔泡沫铝板吸声结构，其特征在于，所述开孔泡沫铝板（2）的层数为2或3。

说明书：加空腔的多层开孔泡沫铝板吸声结构

【技术领域】

本实用新型设计吸声降噪领域，特指一种加空腔的多层开孔泡沫铝板吸声结构。

【背景技术】

目前，对噪声的防治主要通过声源控制和采用吸声材料来实现。声源控制主要是通过改进设备结构，提高加工和装配质量，以降低声源的辐射能量，在现有技术和实际条件的限制下能够降低的噪声有限。实际应用中最为有效的噪声治理手段是通过采用吸声结构或吸声材料来达到降噪的效果。

现有的吸声结构或吸声材料主要为共振型吸声结构和多孔类吸声材料。

共振吸声结构主要有薄板共振结构、亥姆霍兹共振吸声器、穿孔吸声结构和宽带吸声结构等。与多孔性吸声以材料为主不同，共振吸声以结构为主。共振吸声结构主要对中低频有很好的吸声特性，频率针对性很强，吸声频带较窄，单一共振结构很难达到理想的吸声效果，复合结构又往往体积、质量较大，过于笨重，增加施工难度和整体结构的负载，应用受到限制。

多孔吸声材料主要有三类：纤维材料、颗粒材料、泡沫材料。纤维材料大多存在安装和使用过程易产生环境污染和二次污染，及使用寿命短需频繁更换的问题；颗粒吸声材料的吸声效果相对较差；吸声转产品的装饰效果也不尽理想，且很难进行饰面处理。

泡沫类材料主要是泡沫塑料、泡沫玻璃、加气混凝土和泡沫金属类。前三者虽结构性能好但均存在吸声效果差的问题，不适于用作吸声材料。泡沫金属是新兴的用于吸声的材料，泡沫金属类有泡沫铝、泡沫镁、泡沫铅等，综合考虑经济因素及泡沫金属自身的性质，用于吸声降噪较多的应用是泡沫铝类。

泡沫铝是由连续的呈三维网状结构的金属骨架与相互连续贯通、分布均匀的微孔组成，在每个孔的周围均匀分布着一定数目的微孔，这种结构特点使得声能一旦透入材料内部，尤似进入迷宫，几经折射很快将能量消耗殆尽，所以它有较大的吸声系数。泡沫铝是一种具有综合优良性能的吸声材料，它非但吸声系数大而且还有较高的机械强度和导热性，抗拉强度和抗弯强度均较好，化学稳定性好，因此，能耐高温、耐高速气流的冲刷、耐潮湿，在各种工况条件下都能有效地工作；且能进行各种机加工，易于粘接和点焊成各种所需的形状和尺寸，因此，便于安装，外观也漂亮。但由于单层泡沫铝板吸声频带较窄，整体吸声系数不高，尤其中低频吸声难以达到理想的吸声效果，在实际应用中受到限制。

【发明内容】

针对现存技术问题，本实用新型吸声降噪的目的在于提供加空腔的多层开孔泡沫铝板吸声结构，该结构将若干层开孔泡沫铝板进行组合，在其背后加的空气层，开孔泡沫铝具备多孔吸声材料的吸声特点，与背后空气层又可以组成共振吸声结构，多孔与共振组合的双重作用使该结构具有更高的吸声系数，吸声频段拓宽，在各个频段均具有良好的吸声性能。

实现上述目的的技术方案是：

加空腔的多层开孔泡沫铝板吸声结构，包括设置在壁板一侧的若干层开孔泡沫铝板，壁板与开孔泡沫铝板相互平行，壁板与与其相邻的开孔泡沫铝板之间以及各开孔泡沫铝板之间均设有空气层。

所述开孔泡沫铝板的厚度为4～12mm。

所述空气层的厚度为30～60mm。

所述空气层的厚度与开孔泡沫铝板的厚度的比值为0～15。

所述开孔泡沫铝板的孔隙率为66%～75%。

所述开孔泡沫铝板的层数为2或3。

本实用新型吸声降噪的有益效果如下：

本实用新型吸声降噪在壁板一侧平行设置若干层开孔泡沫铝板，并在壁板与与其相邻的开孔泡沫铝板之间以及各开孔泡沫铝板之间均设置空气层。由于开孔泡沫铝板具备多孔吸声材料的吸声特点，通过若干层开孔泡沫铝板与空气层进行组合，开孔泡沫铝板与背后空气层又可以组成共振吸声结构，多孔与共振组合的双重作用使该结构具有更高的吸声系数，吸声频段拓宽，还能够通过改变吸声板的厚度和空气层厚度使吸声峰值可控，使其在各个频段均具有良好的吸声性能；并且本实用新型吸声降噪的泡沫铝吸声板加工方便，安装、使用及回收过程均绿色无污染，多层结构的设计使吸声系数比单层结构明显提高，通过改变泡沫铝板厚度、个数、孔隙率和调整板间空气层厚度，改变吸声结构的主吸声频段。

【附图说明】

图1为本实用新型的加空腔的多层开孔泡沫铝板吸声结构的第一种实施示例的结构示意图；

图2为本实用新型的加空腔的多层开孔泡沫铝板吸声结构的第二种实施示例的结构示意图。

其中，1—壁板；2—开孔泡沫铝板；3—空气层。

【具体实施方式】

下面结合附图和实施示例来对本实用新型吸声降噪作进一步的说明。

如图1和2所示，本实用新型吸声降噪加空腔的多层开孔泡沫铝板吸声结构，包括2或3层设置在壁板1一侧的开孔泡沫铝板2，壁板1与开孔泡沫铝板相互平行，壁板1与与其相邻的开孔泡沫铝板之间以及各开孔泡沫铝板2之间均设有空气层3。

本实用新型吸声降噪所使用的开孔泡沫铝板2的厚度为4～12mm，孔隙率为66%～75%；空气层3的厚度为30～60mm；空气层3的厚度与开孔泡沫铝板2的厚度的比值δ为0～15。

如图1和图2所示，本实用新型的加空腔的多层开孔泡沫铝板吸声结构的吸能过程，当入射声能E_i入射到本实用新型的加空腔的多层开孔泡沫铝板吸声结构后，一小部分声能通过外侧的开孔泡沫铝板反射，反射声能为E_r，大部分声能被本实用新型吸声降噪加空腔的多层开孔泡沫铝板吸声结构吸收，吸收声能为E_a，其余声能穿过本实用新型的加空腔的多层开孔泡沫铝板吸声结构，为透射声能E_t，吸收声能可达入射声能的70%～90%。

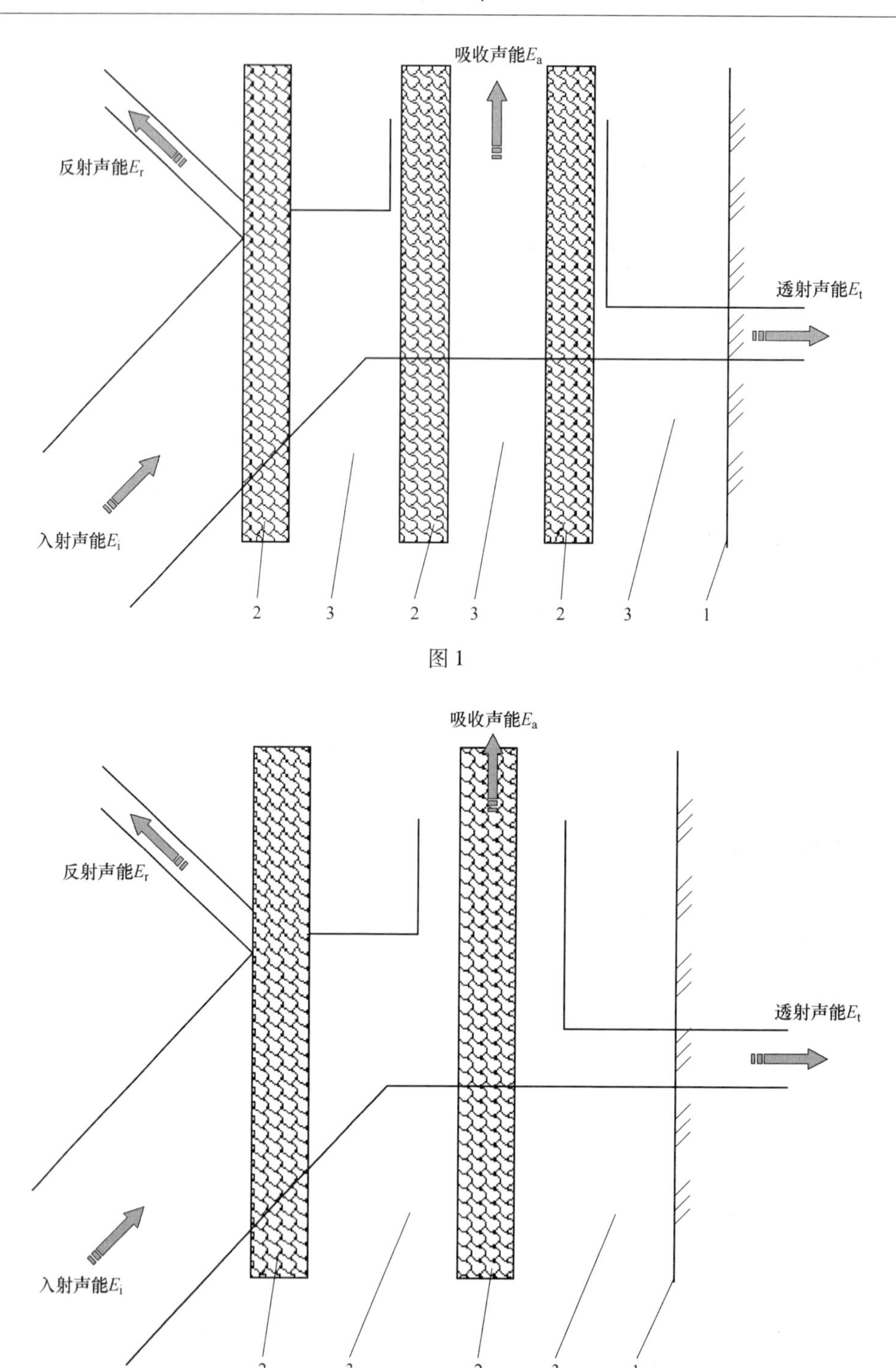
吸收声能E_a
反射声能E_r
透射声能E_t
入射声能E_i
2
3
2
3
2
3
1
吸收声能E_a
反射声能E_r
透射声能E_t
入射声能E_i
2
3
2
3
1

图 1

图 2

下面结合实施示例来进行说明：

实施例1：

如图1所示，开孔泡沫铝板2的孔隙率为66%、厚度为12mm、层数为3，空气层3的厚度为30mm，空气层3的厚度与开孔泡沫铝板2的厚度的比值δ为0.83，此时，加空腔的多层开孔泡沫铝板吸声结构的平均吸声系数达0.7283，吸声系数峰值在0.8kHz，达到0.835。

实施例2：

如图1所示，开孔泡沫铝板2的孔隙率为69%、厚度为12mm、层数为3，空气层3的厚度为60mm，空气层3的厚度与开孔泡沫铝板2的厚度的比值δ为0，此时，加空腔的多层开孔泡沫铝板吸声结构的平均吸声系数达0.7337，吸声系数峰值在0.5kHz，达到0.859。

实施例3：

如图2所示，开孔泡沫铝板2的孔隙率为75%、厚度为10mm、层数为2，空气层3的厚度为30mm，空气层3的厚度与开孔泡沫铝板2的厚度的比值δ为3，此时，加空腔的多层开孔泡沫铝板吸声结构的平均吸声系数达0.7283，吸声系数峰值在1.0kHz，达到0.843。

实施例4：

如图1所示，开孔泡沫铝板2的孔隙率为73%、厚度为4mm、层数为3，空气层3的厚度为40mm，空气层3的厚度与开孔泡沫铝板2的厚度的比值δ为5，此时，加空腔的多层开孔泡沫铝板吸声结构的平均吸声系数达0.8798，吸声系数峰值在0.5kHz，达到0.989。

实施例5：

如图1所示，开孔泡沫铝板2的孔隙率为73%、厚度为4mm、层数为3，空气层3的厚度为30mm，空气层3的厚度与开孔泡沫铝板2的厚度的比值δ为7.5，此时，加空腔的多层开孔泡沫铝板吸声结构的平均吸声系数达0.889，吸声系数峰值在1.6kHz，达到0.988。

实施例6：

如图1所示，开孔泡沫铝板2的孔隙率为71%、厚度为4mm、层数为3，空气层3的厚度为60mm，空气层3的厚度与开孔泡沫铝板2的厚度的比值δ为15，此时，加空腔的多层开孔泡沫铝板吸声结构的平均吸声系数达0.7685，吸声系数峰值在1.25kHz，达到0.973。

本实用新型加空腔的多层开孔泡沫铝板吸声结构通过改变泡沫铝板厚度、个数气孔率和调整板间空气层厚度，能够改变吸声结构的主吸声频段。

说明书摘要

本实用新型涉及吸声降噪领域，特指一种加空腔的多层开孔泡沫铝板吸声结构，包括设置在壁板一侧的若干层开孔泡沫铝板，壁板与开孔泡沫铝板相互平行，壁板与与其相邻的开孔泡沫铝板之间以及各开孔泡沫铝板之间均设有空气层，该结构利用开孔泡沫铝具备多孔吸声材料的吸声特点，与背后空气层又可以组成共振吸声结构，多孔与共振组合的双重作用使该结构具有更高的吸声系数，吸声频段拓宽，在各个频段均具有良好的吸声性能（见图1）。

附录2　声屏障声学设计和测量规范

Norm on Acoustical Design and Measurement of Noise Barriers

目　次

前　言

为了贯彻执行《中华人民共和国环境噪声污染防治法》第36条“建设经过已有的噪声敏感建筑物集中区域的高速公路和城市高架、轻轨道路，有可能造成环境污染的，应当设置声屏障或者采取其他有效的控制环境噪声污染的措施”，制订本规范。

本规范规定了声屏障的声学设计和声学性能的测量方法。

本规范的附录A、B是规范性附录。附录C是资料性附录。

本规范由国家环境保护总局科技标准司提出并归口。

本规范起草单位：中国科学院声学研究所、同济大学声学研究所、北京市劳动保护科学研究所、福建省环境监测中心。

参加单位：青岛海洋大学物理系、北京市环境监测中心、上海市环境科学研究院、天津市环境监测中心、上海申华声学装备有限公司、上海市环保科技咨询服务中心、宜兴南方吸音器材厂、北京市政工程机械厂。

本规范由国家环境保护总局负责解释。

本规范2004年10月1日起实施。

1　主题内容与适用范围

1.1　本规范规定了声屏障的声学设计和声学性能的测量方法。

1.2 本规范主要适用于城市道路与轨道交通等工程，公路、铁路等其他户外场所的声屏障也可参照本规范。

2 规范性引用文件

下列标准和规范中的条款通过在本规范中引用而构成本规范的条款，与本规范同效。

GBJ 005—1996 公路建设项目环境影响评价规范
GBJ 47—1983 混响室法—吸声系数的测量方法
GBJ 75—1984 建筑隔声测量规范
GB 3096—1993 城市区域环境噪声标准
GB 3785—1983 声级计
GB/T 3947—1996 声学名词术语
GB/T 14623—1993 城市区域环境噪声测量方法
GB/T 15173—1994 声校准器
GB/T 17181—1999 积分平均声级计
HJ/T 2.4—1995 环境影响评价技术导则—声环境
当上述标准和规范被修订时，应使用其最新版本。

3 名词术语

本规范采用下列名词定义

3.1 声压级（L_p）sound pressure level

声压与基准声压之比的以10为底的对数乘以20，单位为分贝（dB）：

$$L_p = 20\lg\left(\frac{p}{p_0}\right) \tag{1}$$

式中 p——声压，Pa；
p_0——基准声压，20μPa。

3.2 A计权声［压］级（LpA，LA）A-weighted sound［pressure］level

用A计权网络测得的声压级。

3.3 等效［连续A计权］声［压］级（LAeq，T，Leq）equivalent［A-weighted continuous］sound［pressure］level

在规定时间内，某一连续稳态声的A［计权］声压，具有与随时间变化的噪声相同的均方 A［计权］声压，则这一连续稳态声的声级就是此时变噪声的等效声级，单位为分贝（dB）。

等效声级的公式是

$$L_{\mathrm{Aeq},T} = 10\lg\left[\frac{1}{T}\int_0^T \frac{p_A^2}{p_0^2}\mathrm{d}t\right] \tag{2}$$

式中 $L_{\mathrm{Aeq},T}$——等效声级，dB；

T——指定的测量时间；

$p_A(t)$——噪声瞬时 A［计权］声压，Pa；

p_0——基准声压，20μPa。

当 A［计权］声压用 A 声级 LpA（dB）表示时，则此公式为

$$L_{\mathrm{Aeq},T} = 10\lg\left[\frac{1}{T}\int_0^T 10^{(L_{pA}/10)\cdot \mathrm{d}t}\right]$$

3.4 最大声［压］级（Lpmax）maximum sound［pressure］level

在一定的测量时间内，用声级计快档（F）或慢档（S）测量到的最大 A 计权声级、倍频带声压级或 1/3 倍频带声压级。

3.5 背景噪声 background noise

当测量对象的声信号不存在时，在参考点位置或受声点位置测量的噪声。本规范中所指的测量对象一般指采用声屏障来控制的噪声源。

3.6 声屏障 noise barriers

一种专门设计的立于噪声源和受声点之间的声学障板，它通常是针对某一特定声源和特定保护位置（或区域）设计的。

3.7 声屏障插入损失（IL）insertion loss of noise barriers

在保持噪声源、地形、地貌、地面和气象条件不变情况下安装声屏障前后在某特定位置上的声压级之差。声屏障的插入损失，要注明频带宽度、频率计权和时间计权特性。例如声屏障的等效连续 A 计权插入损失表示为 ILPAeq。

3.8 吸声系数（α）sound absorption coefficient

在给定的频率和条件下，分界面（表面）或媒质吸收的声功率，加上经过界面（墙或间壁等）透射的声功率所得的和数，与入射声功率之比。一般其测量条件和频率应加说明。吸声系数等于损耗系数与透射系数之和。

3.9　降噪系数（NRC）noise reduction coefficient

在 250Hz、500Hz、1000Hz、2000Hz 测得的吸声系数的平均值，算到小数点后两位，末位取 0 或 5。

$$NRC = \frac{1}{4}(\alpha_{250} + \alpha_{500} + \alpha_{1000} + \alpha_{2000}) \tag{3}$$

3.10　传声损失（TL）sound transmission loss

屏障或其他隔声构件的入射声能和透射声能之比的对数乘以 10，单位是分贝：

$$TL = 10\lg(E_i/E_t) \tag{4}$$

式中　E_i——入射声能；

　　　E_t——透射声能。

3.11　计权隔声量（Rw）weighted sound reduction index

隔声构件空气声传声损失的单一值评价量，它是由 100～3150Hz 的 1/3 倍频带的传声损失推导计算出来的。

声屏障的设计中，为避免由声屏障透射声能量影响声屏障的实际降噪效果，通常采用具有一定传声损失的结构。声屏障的空气声隔声量可采用 100～3150Hz 1/3 倍频带的平均隔声量或计权隔声量来评价。

4　声屏障的声学设计

声屏障是降低地面运输噪声的有效措施之一。一般 3～6m 高的声屏障，其声影区内降噪效果在 5～12dB 之间。

4.1　声学原理

当噪声源发出的声波遇到声屏障时，它将沿着三条路径传播（见图 1（a））：一部分越过声屏障顶端绕射到达受声点；一部分穿透声屏障到达受声点；一部分在声屏障壁面上产生反射。声屏障的插入损失主要取决于声源发出的声波沿这三条路径传播的声能分配。

4.1.1　绕射

越过声屏障顶端绕射到达受声点的声能比没有屏障时的直达声能小。直达声与绕射声的声级之差，称之为绕射声衰减，其值用符号 ΔL_d 表示，并随着 ϕ 角的增大而增大（见图1（b））。声屏障的绕射声衰减是声源、受声点与声屏障三者几何关系和频率的函数，它是决定声屏障插入损失的主要物理量。

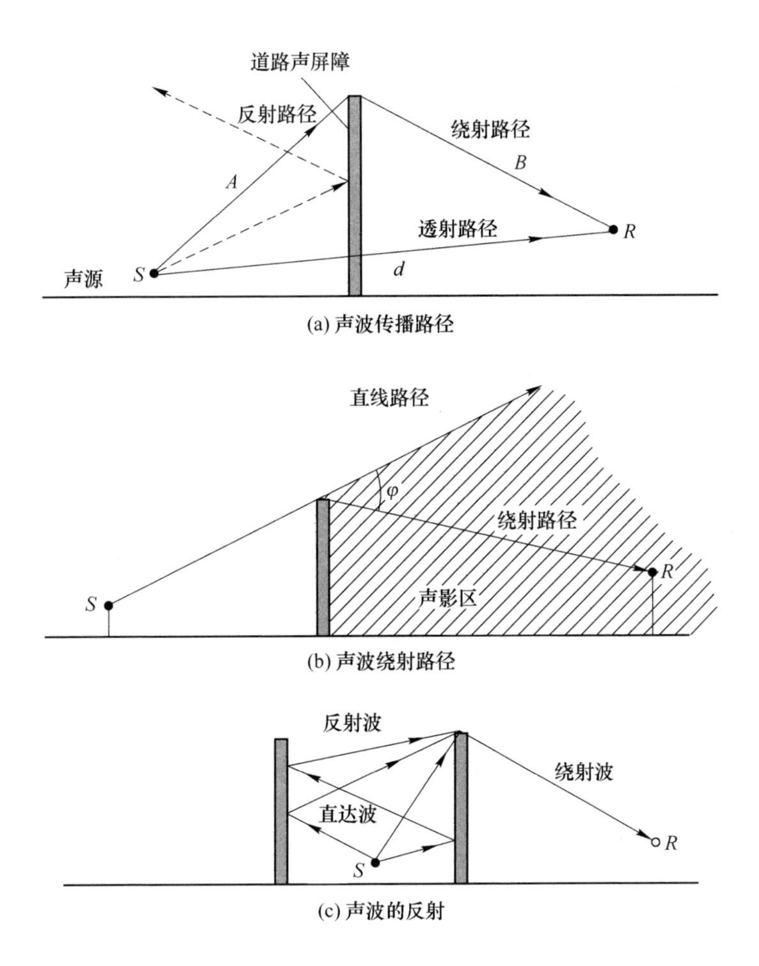

(a) 声波传播路径

(b) 声波绕射路径

(c) 声波的反射

图1　声屏障绕射、反射路径图

4.1.2　透射

声源发出的声波透过声屏障传播到受声点的现象。穿透声屏障的声能量取决于声屏障的面密度、入射角及声波的频率。声屏障隔声的能力用传声损失 TL 来评价。TL 大，透射的声能小；TL 小，则透射的声能大，透射的声能可能减少声屏障的插入损失，透射引起的插入损失的降低量称为透射声修正量。用符号 ΔL_t 表示。通常在声学设计时，要求 T_L——$\Delta L_d \geq 10$dB，此时透射的声能可以忽略不计，即 $\Delta L_t \approx 0$。

4.1.3 反射

当道路两侧均建有声屏障，且声屏障平行时，声波将在声屏障间多次反射，并越过声屏障顶端绕射到受声点，它将会降低声屏障的插入损失（见图 1.c），由反射声波引起的插入损失的降低量称之为反射声修正量，用符号 ΔL_r 表示。

为减小反射声，一般在声屏障靠道路一侧附加吸声结构。反射声能的大小取决于吸声结构的吸声系数 α，它是频率的函数，为评价声屏障吸声结构的整体吸声效果，通常采用降噪系数 NRC。

4.2 声屏障插入损失计算

4.2.1 绕射声衰减 ΔL_d 的计算

4.2.1.1 点声源

当线声源的长度远远小于声源至受声点的距离时（声源至受声点的距离大于线声源长度的 3 倍），可以看成点声源，对一无限长声屏障，点声源的绕射声衰减为：

$$\Delta L_d = \begin{cases} 20\lg = \dfrac{\sqrt{2\pi N}}{\tanh\ \sqrt{2\pi N}} + 5\text{dB} & N > 0 \\ 5\text{dB} & N = 0 \\ 5 + 20\lg \dfrac{2\pi|N|}{\sqrt{2\pi|N|}}\text{dB} & 0 > N > -0.2 \\ 0\text{dB} & N \leqslant -0.2 \end{cases} \tag{5}$$

式中 N——菲涅耳数，$N = \pm\dfrac{2}{\lambda}(A + B - d)$；

λ——声波波长，m；

d——声源与受声点间的直线距离，m；

A——声源至声屏障顶端的距离，m；

B——受声点至声屏障顶端的距离，m。

若声源与受声点的连线和声屏障法线之间有一角度 β 时，则菲涅耳数应为 $N(\beta) = N\cos\beta$。

工程设计中，ΔL_d 可从图 2 求得。

4.2.1.2 无限长线声源，无限长声屏障

当声源为一无限长不相干线声源时，其绕射声衰减为：

为直接法。由于测量时安装前后的参考位置和受声点位置相同，其地形地貌、地面条件一般等效性较好。

5.2.1.2　间接法

分别测量声屏障安装前后，相同参考位置和受声点位置的声压级。测量时，因声屏障已安装在现场，也不可能移去，声屏障安装前的测量可选择与其相等效的场所进行，这种方法称为间接法。

选用间接法时，要保证两个测点的等效性，包括声源特性、地形、地貌、周围建筑物反射、地面和气象条件等效。

5.2.2　测量仪器

5.2.2.1　声学测量仪器

测量用声级计应符合国家标准 GB 3785 规定的 1 型声级计的要求。如果测量等效连续声级，使用的积分声级计应符合国家标准 GB/T 17181 规定的 1 型的要求。采用其他测量仪器时，其性能应满足上述标准规定的要求。

声级计应按国家标准规定，定期进行性能检验。每次测量前后，应采用声校准器进行校准。应至少采用两个测量系统，以保证对一组参考点和受声点进行同时测量。

如果测量倍频带或 1/3 倍频带插入损失，其相应滤波器应符合国家标准规定的要求。

测量时应使用风罩，风罩不应影响传声器的频率响应。

如果采用其他声学测量系统，其性能也应满足上述标准。

5.2.2.2　气象测量仪器

测量风速和风向的仪器精度应在 ±10% 以内。

用于测量环境温度的温度计和温度传感器的精度应在 ±1℃之内。

测量湿度的仪器的精度应在 ±2% 以内。

注：气象测量的位置应和受声点同样高度。

5.2.3　测量的声环境要求

5.2.3.1　地形、地貌和地面条件

若采用间接法测量，当模拟测量的场所符合下列条件时，可以认为等效：

（1）模拟测量场所和实际的声屏障区域的地形地貌，障碍物和地面条件类似。

（2）受声点一侧后部 30m 以内的环境（包括大的反射物等）应该类似。

注：为了保证地面条件的等效性，可以测量地面结构的特性声阻抗。如果不能测量，至少要求地面材料（土壤、水泥、沥青、砖石等）、处理状况（土壤松实等）和土壤上的植被情况等一致，并应避免地面含水量有大的变化。

对于直接法测量，上述条件在声屏障安装前后测量时也应保持一致。

5.2.3.2 气象条件

为了保证测量的重复性，对气象条件，如风、温度和空中云的分布应满足下列要求。

A 风

如果声屏障安装前后的测量中其风向保持不变，并且从声源到受声点的平均风速矢量变化不超过 2m/s 时，可认为前后测量的风条件等效。

测量时风速超过 5m/s，测量无效。

B 温度

声屏障安装前后两次测量的平均温度变化不应超过 10℃。地面以上空间的温度梯度对声传播有一定影响，测量中应注意温度梯度对声传播的影响。

C 湿度

空气湿度主要影响高频噪声的传播，因此声屏障安装前后的测量，其空气湿度应相近。

D 其他气象条件

应避免在雨天和雪天进行测量。应避免在湿的路面情况下进行测量。

5.2.3.3 背景噪声

测量时，背景噪声级应至少比测量值低 10dB。如果测量值和背景噪声值相差 3～9dB，则可以按表 1 所列数值对测量结果进行修正。当差值小于 3dB，则不符合测试条件，不能进行测量。

表 1　背景噪声修正值　（dB）

测量值和背景噪声值之差	修正值
3	－3
4～5	－2
6～9	－1

5.2.4　声源

5.2.4.1　声源类型

现场测量声屏障的插入损失时，可以采用两种类型声源：自然声源、可控制的自然声源。通常情况，前者声源应是优先考虑的试验声源。在没有自然声源或自然声源的声级不够大时，也可考虑选择可控制的自然声源。

5.2.4.2　自然声源

自然声源是指道路上实际行驶的车辆。

在测量过程中，应在参考点位置对声源进行连续监测，以便对声源不稳定产生的误差进行修正。

5.2.4.3　可控制的自然声源

可控制自然声源是指特定选择的试验车辆组。

如果声屏障安装前后，自然声源特性产生变化（如车流量，车辆种类），则可考虑采用可控制的自然声源。如果车流量或者车辆种类比例变化都会引起声源特性明显变化，采用可控制的自然声源是必要的。

5.2.5　声源的等效性

为了准确地测量声屏障的插入损失，在测量期间应对声源进行监测，保证声源的等效性。

5.2.5.1　声源运行参数的监测

以道路车辆流作为声源测量声屏障的插入损失时，被监测的运行参数应包括：平均车速、车流量和各类型车辆的比例。

5.2.5.2　参考位置的噪声监测

参考位置对声源的监测目的是监测声屏障安装前后的声源等效性。

参考点位置的选择在原则上应保证声屏障的存在不影响声源在参考点位置的声压级。

当离声屏障最近的车道中心线与声屏障之间的距离 $D>15$m 时，参考点应位于声屏障平面内上方 1.5m 处（图 7）。当距离 $D<15$m 时，参考点的位置应在声屏障的平面内上方，并保证离声屏障最近的车道中心线与参考位置、声屏障顶端的连线夹角为 10°（图 8）。

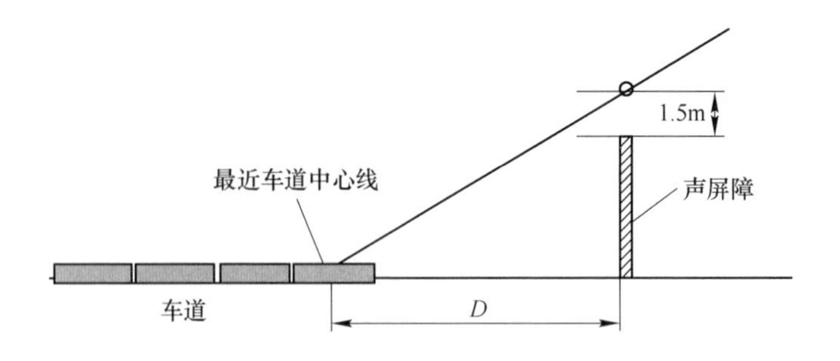

图 7　参考点位置（$D > 15$m）

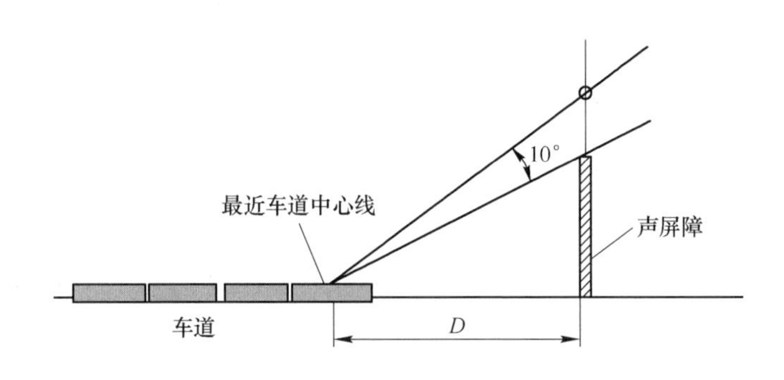

图 8　参考点位置（$D < 15$m）

5.2.6　测量程序

5.2.6.1　总的要求

A　同步测量

应避免由于声源不稳定所引起的测量误差，对参考位置和受声点位置的噪声应进行同步测量。

B　受声点位置

受声点位置为声屏障设计保护的敏感点位置。

C　测量次数

为保证测量结果的重复性，在受声点和参考点应进行多次测量。在等效情况下，建议至少在各测点测量 3 次。

D　测量采样时间

测量采样时间决定于声源的时间特性和声源的声级起伏变化（见表2）。

表2　测量采样时间

声源特性	噪声起伏范围，dB		
	<10	10～30	>30
稳态噪声	2min	—	—
非稳态噪声	10min	20min	30min

通常对于大流量的高速公路交通噪声或无红绿灯控制的城市快速道路交通噪声，起伏 <10dB，对于有红绿灯控制的道路交通噪声，起伏在10～30dB，而城市轨道和铁路噪声，则在有车和无车通过时的起伏 >30dB。

5.2.6.2　声屏障插入损失的计算

A　直接测量法

如果可以直接测量声屏障安装前后的A声级，则可根据下式计算出声屏障的插入损失：

$$IL = (L_{ref,a} - L_{ref,b}) - (L_{r,a} - L_{r,b}) \tag{16}$$

式中　$L_{ref,a}$——参考点处安装声屏障后的声级，dBA；

$L_{ref,b}$——参考点处安装声屏障前的声压级，dBA；

$L_{r,a}$——受声点处安装声屏障后的声压级，dBA；

$L_{r,b}$——受声点处安装声屏障前的声压级，dBA。

B　间接测量法

在很多情况下，声屏障安装前的A声级测量是不可能的，即不可能采用直接法测量声屏障的插入损失。那就需要采用间接法进行测量，即找出一个和声屏障安装前状况等效的其他场所模拟测量声屏障安装前的噪声状况。一般间接测量法的精度要低于直接法的精度。

间接测量法的受声点和参考点的选择以及计算方法与直接测量法相同。对模拟测量声屏障安装前的噪声的场所等效性及其相应测量数据应仔细检查核对。

采用间接法测量的声屏障插入损失与公式（16）相同：

$$IL = (L_{ref,a} - L_{ref,b}) - (L_{r,a} - L_{r,b}) \tag{17}$$

式中　$L_{ref,b}$——在等效场所参考点处测量的声屏障安装前的A声级，dBA；

$L_{r,b}$——在等效场所受声点处测量的声屏障安装前的 A 声级，dBA；
$L_{ref,a}$——声屏障安装后参考点处的 A 声级，dBA；
$L_{r,a}$——声屏障安装后受声点的 A 声级，dBA。

5.2.7 测量记录

5.2.7.1 测量方法类型

A 直接测量法

B 间接测量法

5.2.7.2 测量仪器

测量仪器及系统的说明，包括型号、精度和制造厂。

5.2.7.3 测量环境

（1）环境概图及说明：包括声源、声屏障和受声点周围的地形地貌，地面条件、建筑物及其他反射物。
（2）道路概况：路宽、车道数、坡度、路面材料等。
（3）风向、风速、空气温度和湿度。

5.2.7.4 声源

（1）自然声源：声屏障安装前后测量的声源等效性说明，包括车流量、车辆种类比例、车速等。
（2）可控制的自然声源：声源特性、控制因素及声屏障安装前后测量的声源等效性说明。

5.2.7.5 测量的声屏障示意图和说明

声屏障的示意图，外形尺寸、传声损失以及吸声型屏障的降噪系数 *NRC* 等。

5.2.7.6 声学测量数据

受声点和参考点的 A 计权最大声级、等效声级或 1/3 倍频带或倍频带声压级。

5.2.8 测量报告

试验报告应包括如下内容：
（1）测量单位的名称、地点和测量时间。

（2）测量人员的姓名。
（3）声屏障的A计权声级插入损失和1/3倍频带或倍频带插入损失。
（4）第5.2.4条中所列相关内容。

5.3 声屏障吸声性能测量方法

5.3.1 测量方法

本规范规定的声屏障吸声性能是指声屏障朝向声源侧结构的吸声性能。本规范推荐GBJ 47—1983为声屏障吸声性能测量方法。

声屏障吸声性能的测量方法应符合GBJ 47—1983中的有关规定。

5.3.2 被测试件基本要求

被测试件应是声屏障主体结构的平面整体试件，总试件面积为10～12m^2。边缘应采用密封，并应紧密贴在室内界面上。非平面声屏障结构，应加工成平面结构按上述方法进行测量。

5.3.3 测试结果

声屏障的吸声性能以其朝向声源一侧的平面吸声结构的吸声系数来表征。测试频率范围：对于倍频带中心频率为250～2000Hz，对于1/3倍频带中心频率为200～2500Hz。

5.3.4 测量报告

测量报告应包括以下内容：
（1）被测单位名称。
（2）测量日期。
（3）混响室概况。
（4）测量试件规格、面积以及在混响室中位置。
（5）室温和相对湿度。
（6）吸声系数图表。

5.4 声屏障的隔声性能测量方法

5.4.1 测量方法

本规范规定的声屏障隔声性能是指屏体结构的空气声传声损失。

声屏障隔声性能测试方法，应符合GBJ 75—1984中的有关规定。

5.4.2 被测试件的要求

被测试件应为平面整体试件，试件面积 10m² 左右，试件和测试洞口之间的缝隙应密封，并应有足够的隔声效果。

5.4.3 测试结果

声屏障试件 100~3150Hz 的 1/3 倍频带传声损失、作为单一隔声性能评价量的计权隔声量或上述频率范围内的平均传声损失。

5.4.4 测试报告

测量报告应包括以下内容：

（1）被测试件的结构、尺寸及生产单位。

（2）试验室概况和试件安装状况。

（3）测量仪器和测量人员、测量时间。

（4）以表格和曲线表示的传声损失频率特性和计权隔声量或平均传声损失。

6 声屏障工程的环保验收

6.1 声屏障工程的环境保护验收应按国家建设项目竣工环境保护验收有关规定和规范进行。

6.2 声学性能

声屏障构件的声学性能必须在制作完成后经法定的测试单位随机抽样，根据本规范 5.3 的方法进行检验并提供以下测试报告：

（1）隔声性能测试报告。

（2）吸声性能测试报告（适用于声吸收型声屏障）。

6.3 降噪效果

根据合同要求验收敏感点处声屏障的插入损失（降噪量）。

6.3.1 根据现场测量条件，按本规范 5.2 的要求，用直接法或间接法测量声屏障建立前后受声点和参考点的等效 A 声级 Leq 或最大 A 声级，并按公式（16）计算插入损失 TL。

6.3.2 利用间接法测量声屏障的插入损失时，一定要保证选取的无声屏障的等效受声点与有声屏障时的实际受声点（敏感点）的等效性，否则会带来较大误差。

一般无屏障的等效受声点可选在同一条道路声屏障的附近，从而保证车流条件基本相同，并应使用经过统一校准的两套测量系统同步测量。若车流量状态不能保证相同，则可按照5.2.5.2在声屏障的上方和等效受声点的虚拟等效声屏障的上方设立对照的参考点进行同步测量，以便对等效受声点的测量值进行修正。

6.3.3 由于声屏障建立前后敏感点（受声点）处的背景噪声会有变化，因此在计算插入损失时，应根据表1进行背景噪声的修正。

6.3.4 根据合同中的降噪效果要求，也可在声屏障建立前后直接测量敏感点处的噪声值，扣除背景噪声的影响，其差值即为声屏障的降噪效果。

6.4 提交文件

6.4.1 声屏障设计文件及设计变更情况的文件；

6.4.2 声屏障隔声性能测试报告，吸声型声屏障还应提供吸声性能测试报告；

6.4.3 声屏障现场测量的环境条件、气象条件、车流条件以及测点位置图。

6.4.4 降噪效果的测试报告；

6.4.4 竣工图及其他文件。

附录3 国家环境噪声

大连兆和科技发展有限公司 收编

2003年5月29日

- 《工业企业噪声卫生标准》

每工作日接触噪声时间/h	8	4	2	1	1/2	1/4
新建企业允许噪声A声级/dB	90	93	96	99	102	105
改建企业允许噪声A声级/dB	85	88	91	94	97	100
A声级最高不得超过115dB						

- 国际标准化组织公布了《职业性噪声暴露和听力保护标准》ISO 1999

连续噪声暴露时间/h	8	4	2	1	1/2	1/4	1/8	最高限
允许A声级/dB	85~90	88~93	91~96	94~99	97~102	85~95	85~96	115

- GBJ 87—1985《工业企业噪声控制设计规范》

工业企业厂区内各类地点噪声标准

<table>
<tr><th>序号</th><th colspan="2">地 点 类 别</th><th>噪声限制/dB</th><th>备 注</th></tr>
<tr><td>1</td><td colspan="2">生产车间及作业场所（工人每天连续接触噪声8h）</td><td>90</td><td rowspan="8">1. 表所列噪声限值，均应按现行国家标准测量确定。
2. 对于工人每天接触噪声不足8h的场合，可根据实际接触噪声时间，按接触时间减半噪声限值增加3dB的原则，确定其噪声限制值。
3. 本表所列的室内背景噪声级，指在室内无声源发声的条件下，从室外经墙、门、窗传入室内的室内平均声压级</td></tr>
<tr><td rowspan="2">2</td><td rowspan="2">高噪声车间设置的值班室、观察室、休息室（室内背景噪声级）</td><td>无电话通信要求时</td><td>75</td></tr>
<tr><td>有电话通信要求时</td><td>70</td></tr>
<tr><td>3</td><td colspan="2">精密装配线、精密加工车间的工作地点、计算机房（正常工作状态）</td><td>70</td></tr>
<tr><td>4</td><td colspan="2">车间所属办公室、实验室、设计室（室内背景噪声级）</td><td>70</td></tr>
<tr><td>5</td><td colspan="2">主控制室、集中控制室、通信室、电话总机室、消防值班室（室内背景噪声级）</td><td>60</td></tr>
<tr><td>6</td><td colspan="2">厂部所属办公室、会议室、设计室、中心实验室（包括试验、化验、计量室）（室内背景噪声级）</td><td>60</td></tr>
<tr><td>7</td><td colspan="2">医务室、教室、哺乳室、托儿所、工人值班室（室内背景噪声级）</td><td>55</td></tr>
</table>

- GB 3096—1993《城市区域环境噪声标准》

标准限值等效声级 L_{Aeq}/dB

类别	区　　域	白天	夜间
0	安静住宅区	50	40
Ⅰ	居民、文教区	55	45
Ⅱ	居民、商业和工业混合区	60	50
Ⅲ	工业区	65	55
Ⅳ	道路两侧	70	55

适用范围：本标准适用于城市区域环境噪声评价。乡村生活区参照，夜间突发噪声，其最大值不准超过标准值15分贝。

- GB 12348—1990《工业企业厂界噪声标准》

标准限值等效声级 L_{Aeq}/dB

类别	白天	夜间
Ⅰ	55	45
Ⅱ	60	50
Ⅲ	65	55
Ⅳ	70	55

适用范围：本标准适用于工厂及有可能造成噪声污染的企事业单位的边界噪声评价。

Ⅰ类标准适用于居住、文教机关为主的区域。

Ⅱ类标准适用于居住、商业、工业混杂区以及商业中心区。

Ⅲ类标准适用于工业区域。

Ⅳ类标准适用于交通干线道路两侧区域。

夜间频繁突发噪声（如排气），其峰值不准超过标准10dB(A)；夜间偶发噪声（如鸣笛），其峰值不准超过标准15dB(A)。

- GB 12523—1990《建筑施工场界噪声限值》

标准限值等效声级 L_{Aeq}/dB

施工阶段	主要声源	白天	夜间
土石方	推土机、挖掘机、装载车等	75	55
打桩	各种打桩机	85	禁止施工
结构	混凝土搅拌机、振捣机、电锯等	70	55
装修	起重机、升降机等	65	55

适用范围：本标准适用于城市建筑施工期间施工场地产生的噪声评价。

- GB 9660—1988《机场周围飞机噪声环境噪声标准》

标准限值 L_{WECPN}/dB

适用区域	标准值
一类区域	≤70
二类区域	≤75

适用范围：本标准适用于机场周围受飞机通过时所产生噪声影响的区域评价。

一类区域：特殊住宅区、居民、文教区；二类区域：除一类区域以外的生活区

- GB 12525—1990《铁路边界噪声限值及其测量方法》

标准限值等效声级 L_{WECPN}/dB

昼间	70
夜间	70

适用范围：本标准适用于城市铁路边界距铁路外侧轨道中心线 30m 处的噪声评价。

- GB/T 3450—1994《铁路机车司机室允许噪声值》

铁路机车司机室内噪声限值

车　　型	试验车速/km·h^{-1}		稳态噪声/dB（A）	添加间歇噪声后的等效声级 L_{eq}/dB（A）
	客车	货车		
内燃机车	90	70	80	85
电力机车	90	70	78	85
蒸汽机车	80	60	85	90

适用范围：本标准稳态噪声允许值适用于铁路干线机车司机室的噪声检验，等效噪声允许值适用于对铁路运营司机室噪声的卫生评价。

- GB/T 12861—1991《铁路客车噪声的评价》

客车车内噪声标准限值平均稳态 A 声级 L_A/dB

车　　种	允许噪声级（不大于）	车　　种	允许噪声级（不大于）
软席卧车（空调、非空调）	65	行李车（空调）乘务员室	68
硬席卧车（空调、非空调）	68	行李车（非空调）乘务员室	70
软席座车（空调、非空调）	68	行李车 办公室	75
硬席座车（空调）	68	邮政车（空调乘务员室）	68
硬席座车（非空调）	70	邮政车（非空调乘务员室）	70
硬席座车（市郊车）	75	邮政车 办公室	75

续表

车种	允许噪声级（不大于）	车种	允许噪声级（不大于）
餐车（空调餐车）	68	发电车 办公室	80
餐车（非空调餐车）	70	发电车（非空调乘务员室）	70
餐车 厨房	75		

适用范围：本标准适用于标准轨距铁路上运用的新造普通全金属座车、卧车、行李车、邮政车、餐车、发电车和上述车种的合造车噪声评价。不适用于动车组的车辆噪声评价。公务车、卫生车、维修车和试验车等特殊用途车以及其他有特殊要求的客车，除允许噪声级及测点位置按设计及使用需有特殊要求外，其他也应符合本标准。

客车车外噪声标准限值平均稳态 A 声级 L_A/dB

车种	允许噪声级（不大于）
各车种客车	85

适用范围：本标准适用于各种客车静止时，空调机组及发电机组满负荷运转时，距离管道中心线3.5m处测量的车外噪声限值。

- GB 13669—1992《铁路机车辐射噪声限值》

铁道机车辐射噪声标准限值平均稳态 A 声级 L_A/dB

机车类别	噪声限值
电力机车	90
内燃机车	95
蒸汽机车	100

适用范围：本标准适用于新设计、新制造或经大修后出厂的铁道电力、内燃和蒸汽机车的辐射噪声检验。内燃机车大修后检验结果允差应不大于3dB。

- GB 14892—1994《地下铁道电动车组司机室、客室噪声限值》

标 准 限 值 单位：dB（A）

地点	等级	地面线路测量	地下线路测量	地点	等级	地面线路测量	地下线路测量
司机室	一级	74	84	客室	一级	76	86
	二级	77	87		二级	79	89
	三级	80	90		三级	82	92

适用范围：本标准适用于评价地下铁道电动车组司机室、客车内的稳态噪声检验。

- GB 14227—1993《地下铁道车站站台噪声限值》

标 准 限 值

站台等级	等效声级 L_{Aeq}/dB	F = 500Hz 时的混响时间 T/s
一级	80	1. 5
二级	85	2. 0

适用范围：本标准适用于各种形式、结构的地下铁道车站站台噪声和混响时间的评价。

- GB 1495—1979《机动车辆允许噪声标准》

标 准 限 值

车 辆 种 类		车外最大允许噪声级/dB(A)	
		1985 年 1 月 1 日以前生产的产品	1985 年 1 月 1 日起生产的产品
载重汽车	8t≤载重量<15t	92	89
	3. 5t≤载重量<8t	90	86
	载重量<3. 5t	89	84
轻型越野车		89	84
公共汽车	4t<总重量<11t	89	86
	总重量≤4t	88	83
轿车		84	82
摩托车		90	84
轮式拖拉机（60 马力以下）		91	86

适用范围：本标准适用于各类机动车辆产品的噪声限值标准，也是城市机动车辆噪声检查的依据。手扶拖拉机的评价指标按轮式拖拉机的指标执行。

- GB 11339—1989《城市港口及江河两岸区域环境噪声标准》

标准限值　等效声级 L_{Aeq}/dB

区域类别	昼间	夜间
一类	60	50
二类	70	55

适用范围：本标准适用于城市海港。内河港港区范围内，江河两岸邻近地带受港口设施或交通工具辐射噪声影响的住宅、办公室、文教、医院等室外环境噪声评价。

- GB 16170—1996《汽车定置噪声限值》

标准限值 单位：dB(A)

车辆类型	燃料种类		车辆出厂日期	
			1998年1月1日前	1998年1月1日起
轿车	汽油		87	85
微型客车、货车	汽油		90	88
轻型客车、货车、越野车	汽油	$n_r \leqslant 4300\mathrm{r/min}$	94	92
		$n_r > 4300\mathrm{r/min}$	97	95
	柴油		100	98
中型客车、货车、大型客车	汽油		97	95
	柴油		103	101
重型货车	$N \leqslant 147\mathrm{kW}$		101	99
	$N > 147\mathrm{kW}$		105	103

适用范围：本标准适用于城市道路允许行驶的在用汽车噪声限值。

注：n_r—汽车油转速；N—汽车牵引功率。

- GB 16169—1996《摩托车和轻便摩托车噪声限值》

标准限值 单位：dB（A）

车辆出厂日期		1998年1月1日前		1998年1月1日起	
车辆类型	发电机总工作容积/mL	加速行驶噪声限值	定置排气噪声限值	加速行驶噪声限值	定置排气噪声限值
轻便摩托车	≤50	77	87	76	85
摩托车	>50且≤100	82	92	80	90
	>100	84		83	

适用范围：本标准适用于摩托车（赛车除外）和轻便摩托车加速行驶噪声限值，加速行驶噪声限值适用于新车，定置排气噪声限值适用于在用车。

- GB 6376—1995《拖拉机噪声限值》

标 准 限 值

型　式	标定功率/kW（马力）	环境噪声/dB(A)		驾驶员操作位置处噪声/dB(A)	
		静态	动态	一般驾驶室	安静驾驶室
手扶拖拉机		—	84	92	
轮式拖拉机	<14.7(20)		85	95	85
	≥14.7(20)~48(65)		86		
	≥48(65)		87		
履带拖拉机	<73.5(100)	83	—	98	—
	≥73.5(100)	85			

适用范围：本标准适用于农业、林业拖拉机噪声限定，其他拖拉机可参照执行。

- GB 5979—1986《海洋船舶噪声级规定》

部　位			限值 L_p/dB(A)
机舱区	有人值班机舱主机操纵处		90*
	有控制室的或无人的机舱		110*
	机舱控制室		75
	工作间		85
驾驶区	驾驶室		65
	侨楼两翼		70
	海图室		65
	报务室		60
起居区	卧室**		60
	医务室、病房		60
	办公室、休息室、接待室等舱室		65
	厨房	机械设备和专用风机不工作	70
		机械设备和专用风机正常工作	80

适用范围：本标准适用于远洋和沿海船舶舱室内的噪声限值，并为船舶设计、制造、检验和使用部门提供了噪声评价依据；本标准适用于货船、油船、客货船、推托船及耙吸式和绞吸式挖泥船。其他船舶可参照执行。

* 机舱内任一测点的噪声级不得大于110分贝

** 客舱参照执行

- GBJ 11—1982《住宅隔声标准》

分户墙与楼板空气声隔声标准限值

空气声隔声等级	一级	二级	三级
隔声指数 I_a/dB	≥50	≥45	≥40

楼板撞击声隔声标准限值

撞击声隔声等级	一级	二级
隔声指数 I_a/dB	≤65	≤75

适用范围：本标准适用于各类民有建筑尤其是居住建筑中维护结构的隔声性能，便于建筑设计时直接采用。

- GB/T 8059.2—1995(5.5.7.1)《家用制冷器具冷藏冷冻箱噪声声功率级限值》

声功率级标准限值

制冷器容积/L	声功率级/dB（A）
<250	52
<250	55

适用范围：本标准适用于500L以下的封闭式电机驱动压缩式家用冷藏冷冻箱的噪声性能检验，不适用于特殊用途的冷藏冷冻。

- GB 5980—1986《内河船舶噪声级规定》

船 舶 分 类

类别	划分说明		备　注
	船长（两柱间长）/m	航行时间/h	
Ⅰ	≥75	>24	
Ⅱ	≥75	12~24	
	30~75	>12	
Ⅲ		—	只考虑船长
	—	<12	只考虑航行时间

标 准 限 值 dB(A)

部 位		限 值		
		Ⅰ	Ⅱ	Ⅲ
机舱区	有人值班机舱主机操纵处	90*		
	有控制室的或无人的机舱	110*		
	机舱控制室	75	78	—
	工作间	90		
工作室	驾驶室	65	70	70
	报务室	65	70	—
起居室	卧室**	60	65	70
	医务室	60	65	—
	办公室、休息室等舱室	65	70	75
	厨房	80	85	85

适用范围：本标准适用于远洋和沿海船舶舱室内的噪声限值，并为船舶设计、制造、检验和使用部门提供了噪声评价依据；本标准适用于货船、油船、客货船、推托船及耙吸式和绞吸式挖泥船。其他船舶可参照执行。

* 机舱内任一测点的噪声级不得大于110分贝

** 客舱参照执行

- GB/T 7725—1996(5.2.15)《房间空气调节器限值》

标 准 限 值

额定制冷量/W	室内噪声/dB（A）		室外噪声/dB（A）	
	整体式	分体式	整体式	分体式
<2500	≤53	≤45	≤59	≤55
2500～4500	≤56	≤48	≤62	≤58
>4500～7100	≤60	≤55	≤65	≤62
>7100		≤62		≤68

适用范围：本标准适用于制冷量在14000W以下的空气冷凝器、全封闭型电动机－压缩机的房间空气调节器的噪声性能检验。

- GBJ 118—1988《民用建筑隔声设计规范》

标准限值　稳态声级　L_A/dB

建筑物名称	一级	二级	三级
1. 住宅			
卧室、书房	≤40	≤45	≤50
起居室	≤45	≤50	
2. 学校建筑			
有特殊安静要求的房间	≤40	—	—
一般教室	—	≤50	—
无特殊安静要求的房间	—	—	≤55
3. 医院建筑			
病房、医务人员休息	≤40	≤45	≤50
门诊室	≤55		
手术室	≤45	≤50	
听力测听室	≤25	≤30	
4. 旅馆建筑			
客房	≤40	≤45	≤55
会议室	≤45	≤50	
多用途大厅	≤45	≤50	—
办公室	≤50	≤55	
餐厅、宴会厅	≤55	≤60	—
建筑物名称	一级	二级	三级
疗养院、托儿所、幼儿园	≤35	≤40	≤45
歌剧院、音乐厅等	≤30	≤35	≤40
录音室、演播室等	20～35		
体育馆、健身房、游泳池等	50～60		

适用范围：本标准适用于全国城镇新建、扩建和改建的住宅、学校、医院及旅馆等四类建筑中主要用房的隔声减噪设计。各类建筑的噪声限值为昼间开窗条件下的标准值。

- GB 10070—1988《城市区域环境振动标准》

标准限值　VL_Z/dB

适用地带范围	昼间	夜间
特殊住宅区	65	65
居民、文教区	70	67
混合区、商业中心区	75	72
工业集中区	75	72
交通干线道路两侧	75	72
铁路干线两侧	80	80

适用范围：本标准适用于城市区域环境振动评价。

- GB 13326—1991《组合式空气处理机组噪声限值》

声功率级标准限值　dB（A）

风量/(m^3/h)	设定余压/Pa(全压)	通风机组	冷热风二管制机组	冷热风四管制机组	净化机组	喷水室机组
6300～10000	400	74	78	79	83	81
12500～20000	600	79	83	84	87	85
25000～50000	800	85	89	89	91	90
63000～100000	1000	90	93	92	92	92
125000～160000	1200	92	95	95	95	95

适用范围：本标准适用于组合式空气处理机组的噪声限值，不适用于对噪声有特殊要求的机组。

- GB/T 17249.1—1998《声学　低噪声工作场所设计指南　噪声控制规划》

推荐的各种工作场所背景噪声级　稳态 A 声级　L_A/dB

房间类型	L_A/dB	备　注
会议室	30～35	背景噪声是指室内技术设备（如通风系统）引起的噪声或者是由室外传进来的噪声，此时对工业性工作场所而言生产用机器设备没有开动
教室	30～40	
个人办公室	30～40	
多人办公室	35～45	

续表

房间类型	L_A/dB	备　注
工业实验室	35～50	背景噪声是指室内技术设备（如通风系统）引起的噪声或者是由室外传进来的噪声，此时对工业性工作场所而言生产用机器设备没有开动
工业控制室	35～55	
工业性工作场所	65～70	

适用范围：本标准适用于新建或已有工作场所噪声问题的规划。适用于装设有机器的各种工作场所。本表及下表所推荐的各种工作场所噪声控制指标，应按现实情况确定，是噪声达到标准和规范允许的限制所需取得的降噪量，需综合考虑技术发展、生产工艺过程、工作间性质和噪声控制措施等情况。

推荐的各种工作场房间声学特性

房间容积/m^3	混响时间/s	距离每增加一倍的声衰减率 DL_2/dB	备　注
<200	0.5～0.8	—	1. 如果房间的平均吸声系数大于0.3或等效吸声面积大于0.6～0.9倍的占地面积，一般就能满足上述要求 2. 当房间是扁平状的（即房间不具有扩散声场条件），优先采用等效吸声面积及空间衰减率
200～1000	0.8～1.3		
>1000	—	3～4	

新建改建企业噪声标准

每个工日接触噪声时间/h	8	4	2	1	1/2	1/4
改建企业允许噪声A声级/dB	90	93	96	99	102	105
新建企业允许噪声A声级/dB	85	88	91	94	97	100
A声级最高不超过115dB						

附录 4　声环境质量标准

1　适用范围

本标准规定了五类声环境功能区的环境噪声限值及测量方法。

本标准适用于声环境质量评价与管理。

机场周围区域受飞机通过（起飞、降落、低空飞越）噪声的影响，不适用于本标准。

2　规范性引用文件

本标准内容引用了下列文件或其中的条款。凡是不注日期的引用文件，其有效版本适用于本标准。

GB 3785　声级计电、声性能及测试方法

GB/T 15173　声校准器

GB/T 15190　城市区域环境噪声适用区划分技术规范

GB/T 17181　积分平均声级计

GB/T 50280　城市规划基本术语标准

JTG B01　公路工程技术标准

3　术语和定义

下列术语和定义适用于本标准。

3.1　A 声级　A-weighted sound pressure level

用 A 计权网络测得的声压级，用 L_A 表示，单位 dB（A）。

3.2　等效声级　equivalent continuous A-weighted sound pressure level

等效连续 A 声级的简称，指在规定测量时间 T 内 A 声级的能量平均值，用 $L_{Aeq,T}$表示（简写为 L_{eq}），单位 dB(A)。除特别指明外，本标准中噪声限值皆为等效声级。

根据定义，等效声级表示为：

$$L_{eq} = 10\lg\left(\frac{1}{T}\int_0^T 10^{0.1 L_A} dt\right)$$

式中　L_A——t 时刻的瞬时 A 声级；

　　T——规定的测量时间段。

3.3 昼间等效声级　day-time equivalent sound level、夜间等效声级　night-time equivalent sound level

在昼间时段内测得的等效连续 A 声级称为昼间等效声级，用 L_d 表示，单位 dB(A)。

在夜间时段内测得的等效连续 A 声级称为夜间等效声级，用 L_n 表示，单位 dB(A)。

3.4 昼间　day-time、夜间　night-time

根据《中华人民共和国环境噪声污染防治法》，“昼间”是指 6:00 至 22:00 之间的时段；“夜间”是指 22:00 至次日 6:00 之间的时段。

县级以上人民政府为环境噪声污染防治的需要（如考虑时差、作息习惯差异等）而对昼间、夜间的划分另有规定的，应按其规定执行。

3.5 最大声级　maximum sound level

在规定的测量时间段内或对某一独立噪声事件，测得的 A 声级最大值，用 L_{max} 表示，单位 dB(A)。

3.6 累积百分声级　percentile sound level

用于评价测量时间段内噪声强度时间统计分布特征的指标，指占测量时间段一定比例的累积时间内 A 声级的最小值，用 L_N 表示，单位为 dB(A)。最常用的是 L_{10}、L_{50} 和 L_{90}，其含义如下：

L_{10}——在测量时间内有 10% 的时间 A 声级超过的值，相当于噪声的平均峰值；

L_{50}——在测量时间内有 50% 的时间 A 声级超过的值，相当于噪声的平均中值；

L_{90}——在测量时间内有 90% 的时间 A 声级超过的值，相当于噪声的平均本底值。

如果数据采集是按等间隔时间进行的，则 L_N 也表示有 N% 的数据超过的噪声级。

3.7 城市 city、城市规划区　urban planning area

城市是指国家按行政建制设立的直辖市、市和镇。

由城市市区、近郊区以及城市行政区域内其他因城市建设和发展需要实行规划控制的区域，为城市规划区。

3.8 乡村 rural area

乡村是指除城市规划区以外的其他地区，如村庄、集镇等。

村庄是指农村村民居住和从事各种生产的聚居点。

集镇是指乡、民族乡人民政府所在地和经县级人民政府确认由集市发展而成的作为农村一定区域经济、文化和生活服务中心的非建制镇。

3.9 交通干线 traffic artery

指铁路（铁路专用线除外）、高速公路、一级公路、二级公路、城市快速路、城市主干路、城市次干路、城市轨道交通线路（地面段）、内河航道。应根据铁路、交通、城市等规划确定。以上交通干线类型的定义参见附录A。

3.10 噪声敏感建筑物 noise-sensitive buildings

指医院、学校、机关、科研单位、住宅等需要保持安静的建筑物。

3.11 突发噪声 burst noise

指突然发生，持续时间较短，强度较高的噪声。如锅炉排气、工程爆破等产生的较高噪声。

4 声环境功能区分类

按区域的使用功能特点和环境质量要求，声环境功能区分为以下五种类型：

0类声环境功能区：指康复疗养区等特别需要安静的区域。

1类声环境功能区：指以居民住宅、医疗卫生、文化教育、科研设计、行政办公为主要功能，需要保持安静的区域。

2类声环境功能区：指以商业金融、集市贸易为主要功能，或者居住、商业、工业混杂，需要维护住宅安静的区域。

3类声环境功能区：指以工业生产、仓储物流为主要功能，需要防止工业噪声对周围环境产生严重影响的区域。

4类声环境功能区：指交通干线两侧一定距离之内，需要防止交通噪声对周围环境产生严重影响的区域，包括4a类和4b类两种类型。4a类为高速公路、一级公路、二级公路、城市快速路、城市主干路、城市次干路、城市轨道交通（地面段）、内河航道两侧区域；4b类为铁路干线两侧区域。

5 环境噪声限值

5.1 各类声环境功能区适用表1规定的环境噪声等效声级限值。

表1 环境噪声限值 单位：dB(A)

声环境功能区类别 \ 时段		昼 间	夜 间
0类		50	40
1类		55	45
2类		60	50
3类		65	55
4类	4a类	70	55
	4b类	70	60

5.2 表1中4b类声环境功能区环境噪声限值，适用于2011年1月1日起环境影响评价文件通过审批的新建铁路（含新开廊道的增建铁路）干线建设项目两侧区域；

5.3 在下列情况下，铁路干线两侧区域不通过列车时的环境背景噪声限值，按昼间70dB(A)、夜间55dB(A)执行：

a）穿越城区的既有铁路干线；

b）对穿越城区的既有铁路干线进行改建、扩建的铁路建设项目。

既有铁路是指2010年12月31日前已建成运营的铁路或环境影响评价文件已通过审批的铁路建设项目。

5.4 各类声环境功能区夜间突发噪声，其最大声级超过环境噪声限值的幅度不得高于15dB(A)。

6 环境噪声监测要求

6.1 测量仪器

测量仪器精度为2型及2型以上的积分平均声级计或环境噪声自动监测仪器，其性能需符合GB 3785和GB/T 17181的规定，并定期校验。测量前后使用声校准器校准测量仪器的示值偏差不得大于0.5dB，否则测量无效。声校准器应满足GB/T 15173对1级或2级声校准器的要求。测量时传声器应加防风罩。

6.2 测点选择

根据监测对象和目的，可选择以下三种测点条件（指传声器所置位置）进行环境噪声的测量：

a）一般户外

距离任何反射物（地面除外）至少3.5m外测量，距地面高度1.2m以上。必要时可置于高层建筑上，以扩大监测受声范围。使用监测车辆测量，传声器应固定在车顶部1.2m高度处。

b）噪声敏感建筑物户外

在噪声敏感建筑物外，距墙壁或窗户1m处，距地面高度1.2m以上。

c）噪声敏感建筑物室内

距离墙面和其他反射面至少1m，距窗约1.5m处，距地面1.2m~1.5m高。

6.3 气象条件

测量应在无雨雪、无雷电天气，风速5m/s以下时进行。

6.4 监测类型与方法

根据监测对象和目的，环境噪声监测分为声环境功能区监测和噪声敏感建筑物监测两种类型，分别采用附录B和附录C规定的监测方法。

6.5 测量记录

测量记录应包括以下事项：

a）日期、时间、地点及测定人员；

b）使用仪器型号、编号及其校准记录；

c）测定时间内的气象条件（风向、风速、雨雪等天气状况）；

d）测量项目及测定结果；

e）测量依据的标准；

f）测点示意图；

g）声源及运行工况说明（如交通噪声测量的交通流量等）；

h）其他应记录的事项。

7 声环境功能区的划分要求

7.1 城市声环境功能区的划分

城市区域应按照GB/T 15190的规定划分声环境功能区，分别执行本标准规定的0、1、2、3、4类声环境功能区环境噪声限值。

7.2　乡村声环境功能的确定

乡村区域一般不划分声环境功能区，根据环境管理的需要，县级以上人民政府环境保护行政主管部门可按以下要求确定乡村区域适用的声环境质量要求：

a）位于乡村的康复疗养区执行0类声环境功能区要求；

b）村庄原则上执行1类声环境功能区要求，工业活动较多的村庄以及有交通干线经过的村庄（指执行4类声环境功能区要求以外的地区）可局部或全部执行2类声环境功能区要求；

c）集镇执行2类声环境功能区要求；

d）独立于村庄、集镇之外的工业、仓储集中区执行3类声环境功能区要求；

e）位于交通干线两侧一定距离（参考GB/T 15190第8.3条规定）内的噪声敏感建筑物执行4类声环境功能区要求。

8　标准的实施要求

本标准由县级以上人民政府环境保护行政主管部门负责组织实施。

为实施本标准，各地应建立环境噪声监测网络与制度、评价声环境质量状况、进行信息通报与公示、确定达标区和不达标区、制订达标区维持计划与不达标区噪声削减计划，因地制宜改善声环境质量。

附　录　A

（资料性附录）

不同类型交通干线的定义

A.1　铁路

以动力集中方式或动力分散方式牵引，行驶于固定钢轨线路上的客货运输系统。

A.2　高速公路

根据JTG B01，定义如下：

专供汽车分向、分车道行驶，并应全部控制出入的多车道公路，其中：

四车道高速公路应能适应将各种汽车折合成小客车的年平均日交通量

25000 ~ 55000 辆；

六车道高速公路应能适应将各种汽车折合成小客车的年平均日交通量 45000 ~ 80000 辆；

八车道高速公路应能适应将各种汽车折合成小客车的年平均日交通量 60000 ~ 100000 辆。

A.3 一级公路

根据 JTG B01，定义如下：

供汽车分向、分车道行驶，并可根据需要控制出入的多车道公路，其中：

四车道一级公路应能适应将各种汽车折合成小客车的年平均日交通量 15000 ~ 30000 辆；

六车道一级公路应能适应将各种汽车折合成小客车的年平均日交通量 25000 ~ 55000 辆。

A.4 二级公路

根据 JTG B01，定义如下：

供汽车行驶的双车道公路。

双车道二级公路应能适应将各种汽车折合成小客车的年平均日交通量 5000 ~ 15000 辆。

A.5 城市快速路

根据 GB/T 50280，定义如下：

城市道路中设有中央分隔带，具有四条以上机动车道，全部或部分采用立体交叉与控制出入，供汽车以较高速度行驶的道路，又称汽车专用道。

城市快速路一般在特大城市或大城市中设置，主要起联系城市内各主要地区、沟通对外联系的作用。

A.6 城市主干路

联系城市各主要地区（住宅区、工业区以及港口、机场和车站等客货运中心等），承担城市主要交通任务的交通干道，是城市道路网的骨架。主干路沿线两侧不宜修建过多的车辆和行人出入口。

A.7 城市次干路

城市各区域内部的主要道路，与城市主干路结合成道路网，起集散交通的作用兼有服务功能。

A.8　城市轨道交通

以电能为主要动力，采用钢轮—钢轨为导向的城市公共客运系统。按照运量及运行方式的不同，城市轨道交通分为地铁、轻轨以及有轨电车。

A.9　内河航道

船舶、排筏可以通航的内河水域及其港口。

附　录　B

（规范性附录）

声环境功能区监测方法

B.1　监测目的

评价不同声环境功能区昼间、夜间的声环境质量，了解功能区环境噪声时空分布特征。

B.2　定点监测法

B.2.1　监测要求

选择能反映各类功能区声环境质量特征的监测点1至若干个，进行长期定点监测，每次测量的位置、高度应保持不变。

对于0、1、2、3类声环境功能区，该监测点应为户外长期稳定、距地面高度为声场空间垂直分布的可能最大值处，其位置应能避开反射面和附近的固定噪声源；4类声环境功能区监测点设于4类区内第一排噪声敏感建筑物户外交通噪声空间垂直分布的可能最大值处。

声环境功能区监测每次至少进行一昼夜24小时的连续监测，得出每小时及昼间、夜间的等效声级 L_{eq}、L_d、L_n 和最大声级 L_{max}。用于噪声分析目的，可适当增加监测项目，如累积百分声级 L_{10}、L_{50}、L_{90} 等。监测应避开节假日和非正常工作日。

B.2.2　监测结果评价

各监测点位测量结果独立评价，以昼间等效声级 L_d 和夜间等效声级 L_n 作为评价各监测点位声环境质量是否达标的基本依据。

一个功能区设有多个测点的，应按点次分别统计昼间、夜间的达标率。

B. 2. 3 环境噪声自动监测系统

全国重点环保城市以及其他有条件的城市和地区宜设置环境噪声自动监测系统，进行不同声环境功能区监测点的连续自动监测。

环境噪声自动监测系统主要由自动监测子站和中心站及通信系统组成，其中自动监测子站由全天候户外传声器、智能噪声自动监测仪器、数据传输设备等构成。

B. 3 普查监测法

B. 3. 1 0—3 类声环境功能区普查监测

B. 3. 1. 1 监测要求

将要普查监测的某一声环境功能区划分成多个等大的正方格，网格要完全覆盖住被普查的区域，且有效网格总数应多于 100 个。测点应设在每一个网格的中心，测点条件为一般户外条件。

监测分别在昼间工作时间和夜间 22:00 ~ 24:00（时间不足可顺延）进行。在前述测量时间内，每次每个测点测量 10min 的等效声级 L_{eq}，同时记录噪声主要来源。监测应避开节假日和非正常工作日。

B. 3. 1. 2 监测结果评价

将全部网格中心测点测得的 10min 的等效声级 L_{eq} 做算术平均运算，所得到的平均值代表某一声环境功能区的总体环境噪声水平，并计算标准偏差。

根据每个网格中心的噪声值及对应的网格面积，统计不同噪声影响水平下的面积百分比，以及昼间、夜间的达标面积比例。有条件可估算受影响人口。

B. 3. 2 4 类声环境功能区普查监测

B. 3. 2. 1 监测要求

以自然路段、站场、河段等为基础，考虑交通运行特征和两侧噪声敏感建筑物分布情况，划分典型路段（包括河段）。在每个典型路段对应的 4 类区边界上（指 4 类区内无噪声敏感建筑物存在时）或第一排噪声敏感建筑物户外（指 4 类区内有噪声敏感建筑物存在时）选择 1 个测点进行噪声监测。这些测点应与站、场、码头、岔路口、河流汇入口等相隔一定的距离，避开这些地点的噪声干扰。

监测分昼、夜两个时段进行。分别测量如下规定时间内的等效声级 L_{eq} 和交通流量，对铁路、城市轨道交通线路（地面段），应同时测量最大声级 L_{max}，对道路交通噪声应同时测量累积百分声级 L_{10}、L_{50}、L_{90}。

根据交通类型的差异，规定的测量时间为：

铁路、城市轨道交通（地面段）、内河航道两侧：昼、夜各测量不低于平均运行密度的 1 小时值，若城市轨道交通（地面段）的运行车次密集，测量时间可缩短至 20min。

高速公路、一级公路、二级公路、城市快速路、城市主干路、城市次干路两侧：昼、夜各测量不低于平均运行密度的 20min 值。

监测应避开节假日和非正常工作日。

B. 3. 2. 2　监测结果评价

将某条交通干线各典型路段测得的噪声值，按路段长度进行加权算术平均，以此得出某条交通干线两侧 4 类声环境功能区的环境噪声平均值。

也可对某一区域内的所有铁路、确定为交通干线的道路、城市轨道交通（地面段）、内河航道按前述方法进行长度加权统计，得出针对某一区域某一交通类型的环境噪声平均值。

根据每个典型路段的噪声值及对应的路段长度，统计不同噪声影响水平下的路段百分比，以及昼间、夜间的达标路段比例。有条件可估算受影响人口。

对某条交通干线或某一区域某一交通类型采取抽样测量的，应统计抽样路段比例。

附　录　C

（规范性附录）

噪声敏感建筑物监测方法

C. 1　监测目的

了解噪声敏感建筑物户外（或室内）的环境噪声水平，评价是否符合所处声环境功能区的环境质量要求。

C. 2　监测要求

监测点一般设于噪声敏感建筑物户外。不得不在噪声敏感建筑物室内监测时，应在门窗全打开状况下进行室内噪声测量，并采用较该噪声敏感建筑物所在声环境功能区对应环境噪声限值低 10 dB(A) 的值作为评价依据。

对敏感建筑物的环境噪声监测应在周围环境噪声源正常工作条件下测量，视噪声源的运行工况，分昼、夜两个时段连续进行。根据环境噪声源的特征，可优化测量时间：

a）受固定噪声源的噪声影响

稳态噪声测量 1min 的等效声级 L_{eq}；

非稳态噪声测量整个正常工作时间（或代表性时段）的等效声级 L_{eq}。

b）受交通噪声源的噪声影响

对于铁路、城市轨道交通（地面段）、内河航道，昼、夜各测量不低于平均运行密度的 1 小时等效声级 L_{eq}，若城市轨道交通（地面段）的运行车次密集，测量时间可缩短至 20 min。

对于道路交通，昼、夜各测量不低于平均运行密度的 20min 等效声级 L_{eq}。

c）受突发噪声的影响

以上监测对象夜间存在突发噪声的，应同时监测测量时段内的最大声级 L_{max}。

C.3 监测结果评价

以昼间、夜间环境噪声源正常工作时段的 L_{eq} 和夜间突发噪声 L_{max} 作为评价噪声敏感建筑物户外（或室内）环境噪声水平，是否符合所处声环境功能区的环境质量要求的依据。